큐브 개념 동영상 강의

학습 효과를 높이는 개념 설명 강의

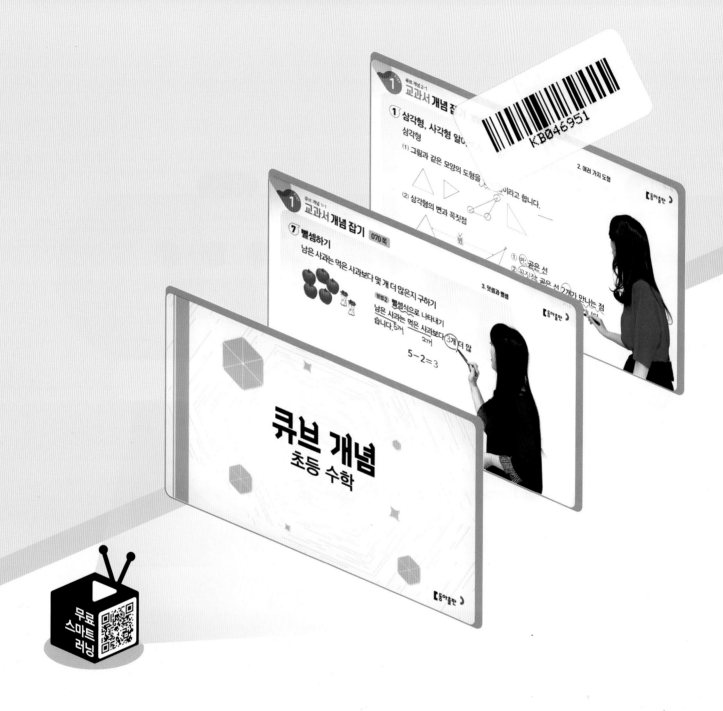

📷 1초 만에 바로 강의 시청

QR코드를 스캔하여 개념 이해 강의를 바로 볼 수 있습니다. 개념별로 제공되는 강의를 보면 빈틈없는 개념을 완성할 수 있습니다.

▶ 친절한 개념 동영상 강의

수학 전문 선생님의 친절한 개념 강의를 보면서 교과서 개념을 쉽고 빠르게 이해할 수 있습니다.

수학의 기본
큐브 시리즈

큐브 연산 | 1~6학년 1, 2학기(전 12권)

전 단원 연산을 다잡는 기본서

- 교과서 전 단원 구성
- 개념-연습-적용-완성 4단계 유형 학습
- 실수 방지 팁과 문제 제공

큐브 개념 | 1~6학년 1, 2학기(전 12권)

교과서 개념을 다잡는 기본서

- 교과서 개념을 시각화 구성
- 수학익힘 교과서 완벽 학습
- 기본 강화책 제공

큐브 유형 | 1~6학년 1, 2학기(전 12권)

모든 유형을 다잡는 기본서

- 기본부터 응용까지 모든 유형 구성
- 대표 예제로 유형 해결 방법 학습
- 서술형 강화책 제공

큐브 개념

개념책

초등 수학

2·2

큐브 개념
구성과 특징

큐브 개념은 교과서 개념과 수학익힘 문제를 한 권에 담은 기본 개념서입니다.

개념책

1STEP 교과서 개념 잡기

꼭 알아야 할 교과서 개념을 시각화하여 쉽게 이해

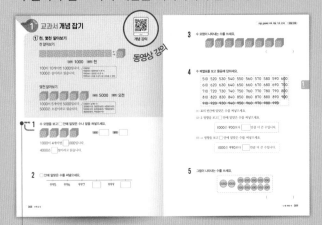

개념 확인 문제
배운 개념의 내용을 같은 형태의 문제로 한 번 더 확인

2STEP 수학익힘 문제 잡기

수학익힘의 교과서 문제 유형 제공

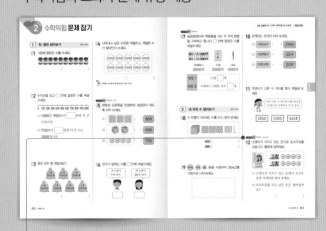

교과 역량 문제
생각하는 힘을 키우는 문제로 5가지 수학 교과 역량이 반영된 문제

개념 기초 문제를 한번 더!

수학익힘 유사 문제를 한번 더!

기본 강화책

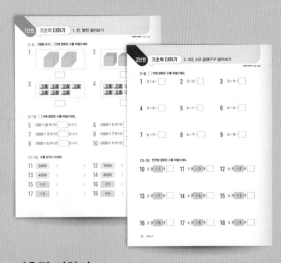

기초력 더하기
개념책의 〈교과서 개념 잡기〉 학습 후
개념별 기초 문제로 기본기 완성

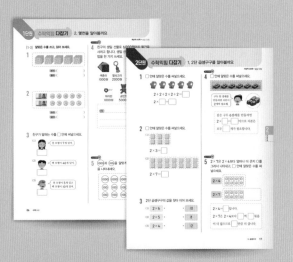

수학익힘 다잡기
개념책의 〈수학익힘 문제 잡기〉 학습 후
수학익힘 유사 문제를 반복 학습하여 수학 실력 완성

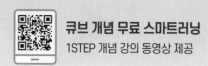

3STEP 서술형 문제 잡기

풀이 과정을 따라 쓰며 익히는 연습 문제와 유사 문제로 구성

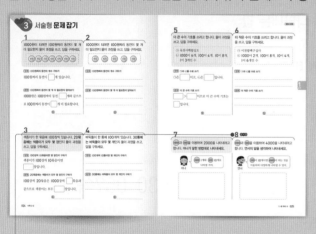

평가 단원 마무리 + 1~6단원 총정리

마무리 문제로 단원별 실력 확인

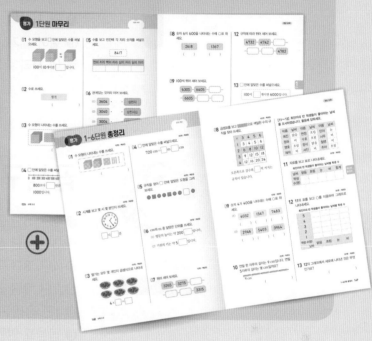

• **창의형 문제**
다양한 형태의 답으로 창의력을 키울 수 있는 문제

☑ 큐브 개념은 이렇게 활용하세요.

❶ 코너별 반복 학습으로 기본을 다지는 방법

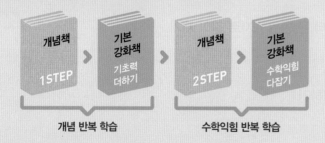

❷ 예습과 복습으로 개념을 쉽고 빠르게 이해하는 방법

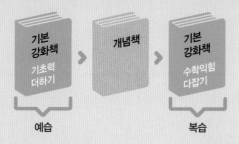

1

네 자리 수

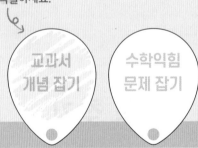

학습을 끝낸 후
색칠하세요.

교과서
개념 잡기

수학익힘
문제 잡기

❶ 천, 몇천 알아보기
❷ 네 자리 수 알아보기

⊙ 이전에 배운 내용

[2-1] 세 자리 수

세 자리 수 알아보기
세 자리 수의 크기 비교

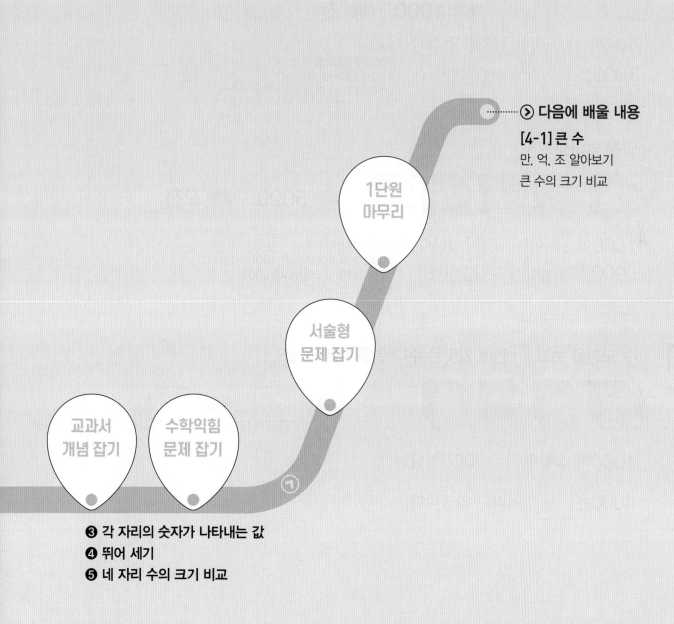

다음에 배울 내용

[4-1] 큰 수

만, 억, 조 알아보기

큰 수의 크기 비교

1단원
마무리

서술형
문제 잡기

교과서
개념 잡기

수학익힘
문제 잡기

교과서 개념 잡기

개념 강의

① 천, 몇천 알아보기

천 알아보기

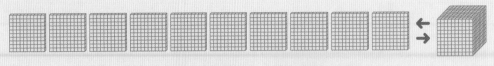

쓰기 **1000**   읽기 **천**

100이 10개이면 1000입니다.
1000은 천이라고 읽습니다.

> 1000은
> 900보다 100만큼 더 큰 수,
> 990보다 10만큼 더 큰 수,
> 999보다 1만큼 더 큰 수로 나타낼 수 있어.

몇천 알아보기

쓰기 **5000**   읽기 **오천**

1000이 5개이면 5000입니다.
5000은 오천이라고 읽습니다.

> 1000이 ■개인 수:
> 2000(이천), 3000(삼천), 4000(사천),
> 5000(오천), 6000(육천), 7000(칠천),
> 8000(팔천), 9000(구천)

개념 확인 1 수 모형을 보고 □ 안에 알맞은 수나 말을 써넣으세요.

쓰기 [　　]   읽기 [　　]

1000이 4개이면 [　]000입니다.

4000은 [　]천이라고 읽습니다.

---

2 □ 안에 알맞은 수를 써넣으세요.

995　996　997　[　　]　999　[　　]

---

3 수 모형이 나타내는 수를 쓰세요.

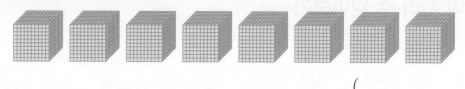

(   )

4 수 배열표를 보고 물음에 답하세요.

510	520	530	540	550	560	570	580	590	600
610	620	630	640	650	660	670	680	690	700
710	720	730	740	750	760	770	780	790	800
810	820	830	840	850	860	870	880	890	900
910	920	930	940	950	960	970	980	990	

(1) 표의 빈칸에 알맞은 수를 써넣으세요.

(2) ⬇ 방향을 보고 ☐ 안에 알맞은 수를 써넣으세요.

1000은 900보다 ☐ 만큼 더 큰 수입니다.

(3) ➡ 방향을 보고 ☐ 안에 알맞은 수를 써넣으세요.

1000은 990보다 ☐ 만큼 더 큰 수입니다.

5 그림이 나타내는 수를 쓰세요.

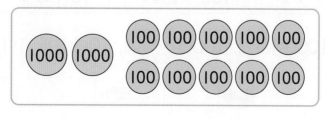

(   )

교과서 개념 잡기

개념 강의

② 네 자리 수 알아보기

0이 없는 네 자리 수 ── 천 모형, 백 모형, 십 모형, 일 모형의 수를 차례로 써서 네 자리 수를 나타내.

천 모형	백 모형	십 모형	일 모형
1000이 2개	100이 3개	10이 5개	1이 8개

1000이 2개, 100이 3개, 10이 5개, 1이 8개인 수

쓰기 **2358**　읽기 **이천삼백오십팔** ─ 일의 자리는 숫자만 읽어.

0이 있는 네 자리 수

천 모형	백 모형	십 모형	일 모형
1000이 1개	100이 4개	10이 0개	1이 6개

1000이 1개, 100이 4개, 1이 6개인 수

쓰기 **1406**　읽기 **천사백육** ─ 0인 자리는 읽지 않아.

개념 확인 1

수 모형이 나타내는 수를 쓰고, 읽어 보세요.

천 모형	백 모형	십 모형	일 모형
1000이 1개	100이 2개	10이 6개	1이 4개

1000이 1개, 100이 □개, 10이 6개, 1이 □개인 수

쓰기 □　읽기 □

2 그림이 나타내는 수를 쓰세요.

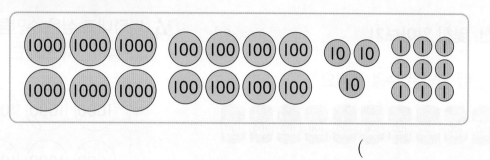

(　　　　　　　　　　　　　)

3 수로 쓰세요.

(1) 삼천육백팔십일

(　　　　　　　)

(2) 팔천이백칠십사

(　　　　　　　)

4 7092를 바르게 읽은 사람을 찾아 ○표 하세요.

칠천영구십이

(　　)

칠천구백이

(　　)

칠천구십이

(　　)

5 ☐ 안에 알맞은 수를 써넣으세요.

(1) 4217은

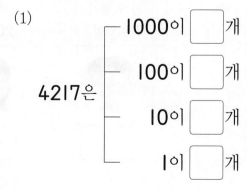

1000이 ☐개
100이 ☐개
10이 ☐개
1이 ☐개

(2)

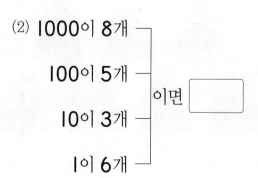

1000이 8개
100이 5개
10이 3개
1이 6개
이면 ☐

1 천, 몇천 알아보기

개념 008쪽

01 그림에 알맞은 수를 쓰세요.

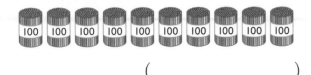

(   )

02 수직선을 보고 □ 안에 알맞은 수를 써넣으세요.

```
┠─┬──┬──┬──┬──┬──┬──┬──┬──┬──┨
0  100 200 300 400 500 600 700 800 900 1000
```

(1) 1000은 900보다 □ 만큼 더 큰 수입니다.

(2) 700보다 □ 만큼 더 큰 수는 1000입니다.

03 콩은 모두 몇 개일까요?

(   )

04 나타내고 싶은 수만큼 색칠하고, 색칠한 수가 얼마인지 쓰세요.

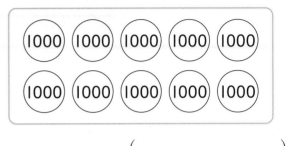

(   )

힌트
톡! 색칠한 개수에 맞게 몇천인지 수로 써 봐.

교과역량 콕! 문제해결 | 추론

05 왼쪽과 오른쪽을 연결하여 1000이 되도록 이어 보세요.

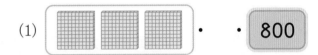

(1) •   • 800

(2) •   • 600

(3) •   • 700

06 친구가 말하는 수를 □ 안에 써넣으세요.

천 모형이 7개 있어.

백 모형이 20개 있어.

교과역량 콕! 문제해결

07 4000원어치 학용품을 사는 두 가지 방법을 구하려고 합니다. ☐ 안에 알맞은 수를 써넣으세요.

크레파스	수첩	샤프
3000원	2000원	1000원

방법 1	수첩 ☐ 개
방법 2	크레파스 1개와 샤프 ☐ 개

2 네 자리 수 알아보기　개념 010쪽

08 수 모형이 나타내는 수를 쓰고, 읽어 보세요.

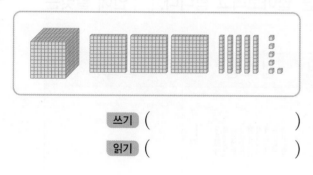

쓰기 (　　　　　　　)

읽기 (　　　　　　　)

09 ⓵⓪⓪⓪, ⑩⓪, ⑩, ① 을 사용하여 **3042**를 그림으로 나타내세요.

10 관계있는 것끼리 이어 보세요.

(1) 이천십구 ・　・ 2900

(2) 이천백구 ・　・ 2019

(3) 이천구백 ・　・ 2109

11 주경이가 고른 수 카드를 찾아 색칠해 보세요.

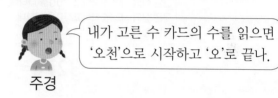

내가 고른 수 카드의 수를 읽으면 '오천'으로 시작하고 '오'로 끝나.

주경

2550	5305	5458

교과역량 콕! 문제해결 | 정보처리

12 소영이가 가지고 있는 돈으로 초코우유를 샀습니다. 물음에 답하세요.

(1) 소영이가 가지고 있는 돈에서 초코우유의 가격만큼 묶어 보세요.

(2) 초코우유를 사고 남은 돈은 얼마일까요?

(　　　　　　　)

③ 각 자리의 숫자가 나타내는 값

3274에서 각 자리의 숫자가 나타내는 값 알아보기

천 모형	백 모형	십 모형	일 모형
3000	200	70	4

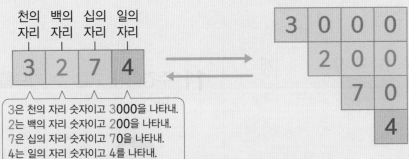

3은 천의 자리 숫자이고 3000을 나타내.
2는 백의 자리 숫자이고 200을 나타내.
7은 십의 자리 숫자이고 70을 나타내.
4는 일의 자리 숫자이고 4를 나타내.

$$3274 = 3000 + 200 + 70 + 4$$

개념 확인 1

5692에서 각 자리 숫자가 나타내는 값을 알아보려고 합니다. ☐ 안에 알맞은 수를 써넣으세요.

천 모형	백 모형	십 모형	일 모형
5000	600	90	2

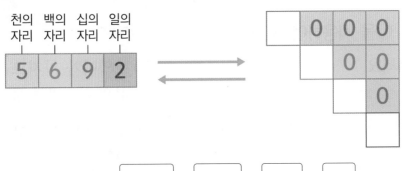

$$5692 = \boxed{} + \boxed{} + \boxed{} + \boxed{}$$

2 ☐ 안에 알맞은 수를 써넣으세요.

천의 자리	백의 자리	십의 자리	일의 자리
8	1	6	3
1000이 ☐ 개	100이 ☐ 개	10이 ☐ 개	1이 ☐ 개
☐	100	☐	3

$$8163 = \boxed{} + 100 + \boxed{} + 3$$

3 〈보기〉와 같이 수를 (몇천)+(몇백)+(몇십)+(몇)으로 나타내세요.

〈보기〉

| 7 | 8 | 3 | 5 | = | 7000 | + | 800 | + | 30 | + | 5 |

(1) | 2 | 7 | 6 | 9 | = ☐ + ☐ + ☐ + 9

(2) | 4 | 5 | 4 | 6 | = 4000 + ☐ + ☐ + ☐

4 밑줄 친 자리의 숫자가 나타내는 값을 ☐ 안에 써넣으세요.

(1) 98<u>3</u>5 → ☐   (2) 7<u>3</u>08 → ☐

5 백의 자리 숫자가 5인 것을 모두 찾아 ○표 하세요.

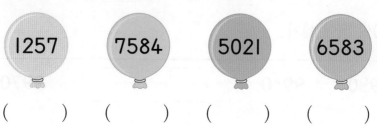

1257   7584   5021   6583

( )   ( )   ( )   ( )

④ 뛰어 세기

1000, 100, 10, 1씩 뛰어 세기

(1) 1000씩 뛰어 세기

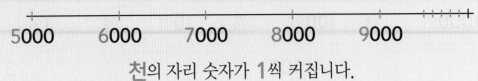

5000   6000   7000   8000   9000

천의 자리 숫자가 **1**씩 커집니다.

(2) 100씩 뛰어 세기

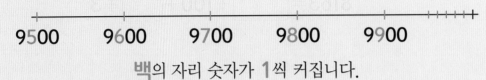

9500   9600   9700   9800   9900

백의 자리 숫자가 **1**씩 커집니다.

(3) 10씩 뛰어 세기

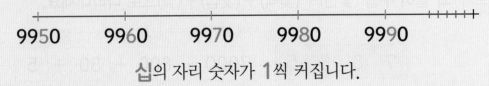

9950   9960   9970   9980   9990

십의 자리 숫자가 **1**씩 커집니다.

(4) 1씩 뛰어 세기

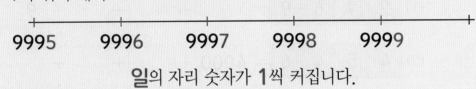

9995   9996   9997   9998   9999

일의 자리 숫자가 **1**씩 커집니다.

개념 확인 1 뛰어 세어 보세요.

(1) 1000씩 뛰어 세기

2000   3000   ☐   5000   6000   ☐

(2) 100씩 뛰어 세기

9100   9200   9300   ☐   9500   ☐

(3) 10씩 뛰어 세기

9930   9940   ☐   ☐   9970   9980

2 빈칸에 알맞은 수를 써넣으세요.

9961	9962	9963	9964	9965	9966	9967	9968	9969	
9971	9972	9973	9974	9975	9976	9977	9978	9979	
9981	9982	9983	9984	9985	9986	9987	9988	9989	

3 1000씩 뛰어 세어 보세요.

2345 — 3345 — 4345 — ☐ — ☐ — ☐

4 10씩 뛰어 세어 보세요.

5816 — 5826 — ☐ — 5846 — ☐ — ☐

5 얼마씩 뛰어 센 것일까요?

9544 — 9554 — 9564 — 9574 — 9584 — 9594

(　　　　　　　　)

6 규칙에 따라 뛰어 세어 보세요.

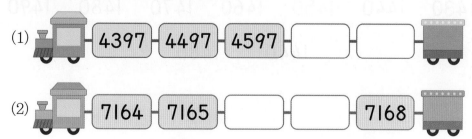

(1) 4397 — 4497 — 4597 — ☐ — ☐

(2) 7164 — 7165 — ☐ — ☐ — 7168

교과서 개념 잡기

개념 강의

⑤ 네 자리 수의 크기 비교

6782와 6746의 크기 비교하기

네 자리 수의 크기를 비교할 때에는 천의 자리, 백의 자리, 십의 자리, 일의 자리 수를 차례로 비교합니다. 높은 자리 수가 클수록 더 큰 수입니다.

	천의 자리	백의 자리	십의 자리	일의 자리
6782 →	6 ┐ 같음	7 ┐ 같음	8	2
6746 →	6 ┘	7 ┘	4	6

6782는 6746보다 큽니다. → **6782 ＞ 6746**

천의 자리, 백의 자리 수가 같아서
십의 자리 수를 비교했어.

 개념 확인

1 두 수의 크기를 비교하여 알맞은 말에 ○표 하고, ◯ 안에 ＞ 또는 ＜를 알맞게 써넣으세요.

	천의 자리	백의 자리	십의 자리	일의 자리
3947 →	3	9	4	7
4072 →	4	0	7	2

3947은 4072보다 (큽니다 , 작습니다). → **3947 ◯ 4072**

2 수직선을 보고 ◯ 안에 ＞ 또는 ＜를 알맞게 써넣으세요.

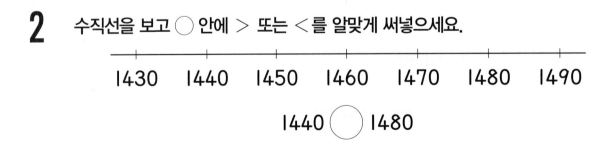

1430 1440 1450 1460 1470 1480 1490

1440 ◯ 1480

3 두 수의 크기를 비교하여 ◯ 안에 > 또는 <를 알맞게 써넣으세요.

(1) 4476 ◯ 2138
4 ◯ 2

(2) 6307 ◯ 6319
0 ◯ 1

4 두 수의 크기를 비교하여 ☐ 안에 알맞은 수를 써넣으세요.

2578
2063 → ☐ 은 ☐ 보다 작습니다.

5 더 큰 수에 ◯표 하세요.

(1) 2764   2915

(2) 5368   5362

6 세 수의 크기를 비교하려고 합니다. 물음에 답하세요.

(1) ☐ 안에 알맞은 수를 써넣으세요.

	천의 자리	백의 자리	십의 자리	일의 자리
6408 →	6	☐	0	8
7239 →	☐	2	3	9
6700 →	6	☐	0	0

(2) 가장 큰 수는 ☐ 입니다. 〈 천의 자리 수를 비교해.

(3) 가장 작은 수는 ☐ 입니다. 〈 천의 자리 수가 같으면 백의 자리 수를 비교해.

1. 네 자리 수 **019**

3 각 자리의 숫자가 나타내는 값 개념 014쪽

01 주어진 수를 보고 ☐ 안에 알맞은 수를 써 넣으세요.

3675

(1) 천의 자리 숫자: ☐

☐ 을 나타냅니다.

(2) 십의 자리 숫자: ☐

☐ 을 나타냅니다.

02 수 모형을 보고 ☐ 안에 알맞은 수를 써넣으세요.

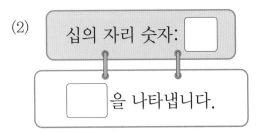

1000이	☐	개	1000
100이	☐	개	☐
10이	☐	개	40
1이	☐	개	☐

☐ =1000+ ☐ +40+ ☐

03 밑줄 친 자리의 숫자가 나타내는 수만큼 색칠해 보세요.

33<u>3</u>3

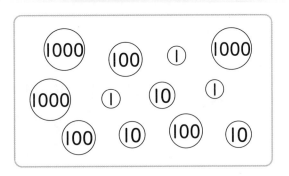

04 십의 자리 숫자가 8인 것은 어느 것일까요? (　　)

① 8162
② 이천사백십팔
③ 삼천팔백오십이
④ 1680
⑤ 6678

05 밑줄 친 자리의 숫자가 나타내는 수를 바르게 말한 사람의 이름을 쓰세요.

805<u>1</u>

50 규민　　준호 500

(　　　　)

06 숫자 3이 300을 나타내는 수를 찾아 ○표 하세요.

| 1603 | 3289 | 7364 |

07 숫자 6이 나타내는 값이 가장 큰 수를 찾아 쓰세요.

| 9263 | 7654 | 6021 | 3896 |

(　　　　　　　　)

08 ㉠과 ㉡이 나타내는 값의 합을 구하세요.

$$8\ 3\ \underline{7}\ \underline{7}$$
$$\uparrow\quad\uparrow$$
$$㉠\quad㉡$$

(　　　　　　　　)

교과역량 콕! 문제해결 | 추론

09 수 카드를 한 번씩만 사용하여 백의 자리 숫자가 300을 나타내는 네 자리 수를 만들어 보세요.

| 0 | 3 | 5 | 6 |

(　　　　　　　　)

4 **뛰어 세기**

개념 016쪽

10 100씩 뛰어 세어 보세요.

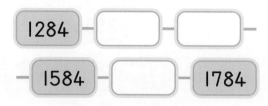

11 1씩 뛰어 세어 보세요.

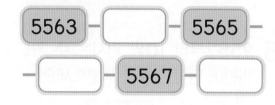

12 규칙에 따라 뛰어 세어 보세요.

| 2091 | | 4091 |

| 5091 | 6091 | |

13 도율이의 방법으로 뛰어 세어 보세요.

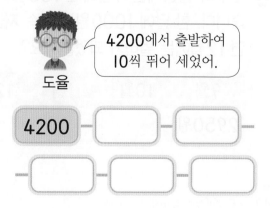

4200에서 출발하여 10씩 뛰어 세었어.

도율

| 4200 | | |

| | | |

14 1000씩 거꾸로 뛰어 세어 보세요.

| 7856 | — | 6856 | — | | |
| | — | | — | 3856 | — | |

15 9557부터 10씩 커지는 수 카드입니다. 빈칸에 알맞은 수를 써넣으세요.

| 9557 | → | 9567 | → | | → |
| | → | | → | 9607 | |

16 민주의 통장에는 9월에 2950원이 있었습니다. 한 달에 1000원씩 계속 **저금**했다면 12월에는 얼마가 되었을까요?

9월	10월	11월	12월
2950원			

( )

어휘 톡톡 돈을 모아 두는 것을 **저금**이라고 해.

교과역량 콕! 문제해결 | 연결

17 수에 해당하는 글자를 찾아 숨겨진 낱말을 완성해 보세요.

100씩 뛰어 세어 보기

① | 3425 | 3525 | 사 | 토 | 염 |

1씩 뛰어 세어 보기

② | 5435 | 5436 | 소 | 습 | 끼 |

①	②
3725	5439
↓	↓

힌트 톡톡 ①에서 뛰어 세었을 때 3725인 자리의 글자와 ②에서 뛰어 세었을 때 5439인 자리의 글자를 찾아 봐.

---

5 **네 자리 수의 크기 비교** 개념 018쪽

18 ☐ 안에 알맞은 수를 쓰고, 두 수의 크기를 비교하여 ◯ 안에 > 또는 <를 알맞게 써넣으세요.

	천의 자리	백의 자리	십의 자리	일의 자리
3652 →	3	6	5	2
3278 →				

3652 ◯ 3278

19 두 수의 크기를 비교하여 ◯ 안에 > 또는 < 를 알맞게 써넣으세요.

(1) 9004 ◯ 8789

(2) 5470 ◯ 5483

20 놀이 공원에 어른은 2014명, 어린이는 2507명 입장했습니다. 어른과 어린이 중 누가 더 많이 입장했나요?

(   )

21 수의 크기를 비교하는 방법을 바르게 말한 사람의 이름을 쓰세요.

> 네 자리 수의 크기 비교는 일의 자리부터 순서대로 해야 돼.

리아

> 네 자리 수의 크기 비교는 천의 자리부터 순서대로 해야 돼.

현우

(   )

22 수의 크기를 비교하여 가장 작은 수에 ◯표 하세요.

(1)

| 7406 | 7408 |
| 6999 | |

(2)

| 4723 | 2147 |
| 2579 | |

교과역량 콕! 문제해결

23 수 카드를 한 번씩만 사용하여 만들 수 있는 가장 작은 네 자리 수를 구하세요.

6   2   0   7

(   )

교과역량 콕! 문제해결

24 1부터 9까지의 수 중에서 ☐ 안에 들어갈 수 있는 수를 모두 구하세요.

3487 > 3☐91

(   )

1

1000원이 되려면 100원짜리 동전이 몇 개 더 필요한지 풀이 과정을 쓰고, 답을 구하세요.

(100) (100) (100) (100) (100) (100) (100)

[1단계] 100원짜리 동전의 개수 구하기

100원짜리 동전이 ☐ 개 있습니다.

[2단계] 100원짜리 동전이 몇 개 더 필요한지 알아보기

1000원은 100원짜리 동전 ☐ 개와 같으므

로 100원짜리 동전이 ☐ 개 더 필요합니다.

답 _____

2

1000원이 되려면 100원짜리 동전이 몇 개 더 필요한지 풀이 과정을 쓰고, 답을 구하세요.

(100) (100) (100) (100) (100)

[1단계] 100원짜리 동전의 개수 구하기

_____

_____

[2단계] 100원짜리 동전이 몇 개 더 필요한지 알아보기

_____

_____

답 _____

3

색종이가 한 묶음에 100장씩 있습니다. 20묶음에는 색종이가 모두 몇 장인지 풀이 과정을 쓰고, 답을 구하세요.

[1단계] 100장씩 10묶음이면 몇 장인지 구하기

색종이가 100장씩 10묶음이면

☐ 장입니다.

[2단계] 20묶음에는 색종이가 모두 몇 장인지 구하기

100장씩 20묶음은 1000장씩 ☐ 묶음과

같으므로 색종이는 모두 ☐ 장입니다.

답 _____

4

바둑돌이 한 통에 100개씩 있습니다. 30통에는 바둑돌이 모두 몇 개인지 풀이 과정을 쓰고, 답을 구하세요.

[1단계] 100개씩 10통이면 몇 개인지 구하기

_____

_____

[2단계] 30통에는 바둑돌이 모두 몇 개인지 구하기

_____

_____

답 _____

5

더 큰 수의 기호를 쓰려고 합니다. 풀이 과정을 쓰고, 답을 구하세요.

> ㉠ 육천사백팔십오
> ㉡ 1000이 6개, 100이 4개, 10이 8개, 1이 3개인 수

[1단계] ㉠과 ㉡을 수로 쓰기

㉠은 ☐ 이고, ㉡은 ☐ 입니다.

[2단계] 더 큰 수의 기호 쓰기

☐ > ☐ 이므로 더 큰 수의 기호는

☐ 입니다.

답 _____

6

더 작은 수의 기호를 쓰려고 합니다. 풀이 과정을 쓰고, 답을 구하세요.

> ㉠ 이천팔백구십사
> ㉡ 1000이 2개, 100이 8개, 10이 4개, 1이 6개인 수

[1단계] ㉠과 ㉡을 수로 쓰기

_____

_____

[2단계] 더 작은 수의 기호 쓰기

_____

_____

답 _____

7

1000과 100을 이용하여 2000을 나타내려고 합니다. 미나가 말한 방법대로 나타내세요.

미나: 1000 1개와 100 10개로 나타낼 거야.

8 창의형

1000과 100을 이용하여 4000을 나타내려고 합니다. 연서의 말을 생각하여 나타내세요.

연서: 100이 10개이면 1000이 되는 것을 이용하여 다양하게 나타낼 수 있어.

01 수 모형을 보고 ☐ 안에 알맞은 수를 써넣으세요.

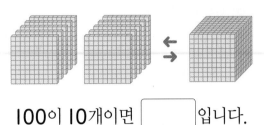

100이 10개이면 ☐ 입니다.

02 수로 쓰세요.

팔천

(   )

03 수 모형이 나타내는 수를 쓰세요.

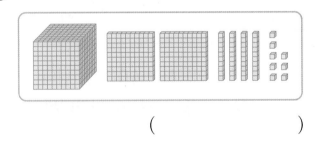

(   )

04 ☐ 안에 알맞은 수를 써넣으세요.

0 100 200 300 400 500 600 700 800 900 1000

800보다 ☐ 만큼 더 큰 수는 1000입니다.

05 수를 보고 빈칸에 각 자리 숫자를 써넣으세요.

8417

천의 자리	백의 자리	십의 자리	일의 자리

06 관계있는 것끼리 이어 보세요.

(1) 3604 ·   · 삼천사

(2) 3040 ·   · 삼천사십

(3) 3004 ·   · 삼천육백사

07 ☐ 안에 알맞은 수를 쓰고, 두 수의 크기를 비교하여 ◯ 안에 > 또는 <를 알맞게 써넣으세요.

	천의 자리	백의 자리	십의 자리	일의 자리
7544 →	7	5	4	4
7571 →		5		1

7544 ◯ 7571

08 숫자 6이 600을 나타내는 수에 ○표 하세요.

2618　　　　1367

(　　　)　　　(　　　)

09 100씩 뛰어 세어 보세요.

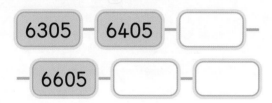

6305 — 6405 — [　　]

— 6605 — [　　] — [　　]

10 네 자리 수를 (몇천)＋(몇백)＋(몇십)＋ (몇)으로 나타내려고 합니다. ▢ 안에 알맞은 수를 써넣으세요.

5731 = [　　] + [　　]

+ [　] + [　]

11 두 수의 크기를 비교하여 ○ 안에 ＞ 또는 ＜를 알맞게 써넣으세요.

3232 ○ 6006

12 규칙에 따라 뛰어 세어 보세요.

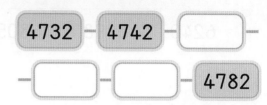

4732 — 4742 — [　　]

[　　] — [　　] — 4782

13 ▢ 안에 알맞은 수를 써넣으세요.

100이 [　　]개이면 6000입니다.

14 1000장짜리 색종이 5상자, 100장짜리 색종이 2상자, 10장짜리 색종이 8봉지가 있습니다. 색종이는 모두 몇 장일까요?

(　　　　　　　)

15 숫자 4가 나타내는 값이 가장 작은 수에 ○표 하세요.

2224　　1840　　4678

정답 06쪽

16 큰 수부터 차례로 쓰세요.

6240 5998 6805

( )

17 준수의 통장에는 8월에 4150원이 있었습니다. 한 달에 1000원씩 계속 저금했다면 11월에는 얼마가 되었을까요?

8월	9월	10월	11월
4150원			

( )

18 수 카드를 한 번씩만 사용하여 가장 큰 네 자리 수를 만들어 보세요.

3 0 8 4

( )

서술형

19 귤이 한 상자에 100개씩 들어 있습니다. 40상자에는 귤이 모두 몇 개 들어 있는지 풀이 과정을 쓰고, 답을 구하세요

풀이

답

20 더 큰 수의 기호를 쓰려고 합니다. 풀이 과정을 쓰고, 답을 구하세요.

㉠ 칠천오백십구
㉡ 1000이 7개, 100이 1개, 10이 9개, 1이 8개인 수

풀이

답

민재네 반 친구들이 바닷가에 놀러 갔어요.

민재네 반 친구들은 모두 똑같은 빨간색 바지를 입었어요.

민재네 반 친구들을 모두 찾아보세요!

정답은 개념책 152쪽에서 확인하세요.

2

곱셈구구

학습을 끝낸 후
색칠하세요.

교과서 개념 잡기	수학익힘 문제 잡기

❶ 2단, 5단 곱셈구구
❷ 3단, 6단 곱셈구구

교과서 개념 잡기	수학익힘 문제 잡기

❸ 4단, 8단 곱셈구구
❹ 7단, 9단 곱셈구구

⊙ 이전에 배운 내용

[2-1] 곱셈
여러 가지 방법으로 세기
몇씩 몇 묶음으로 묶어 세기
곱셈식으로 나타내기

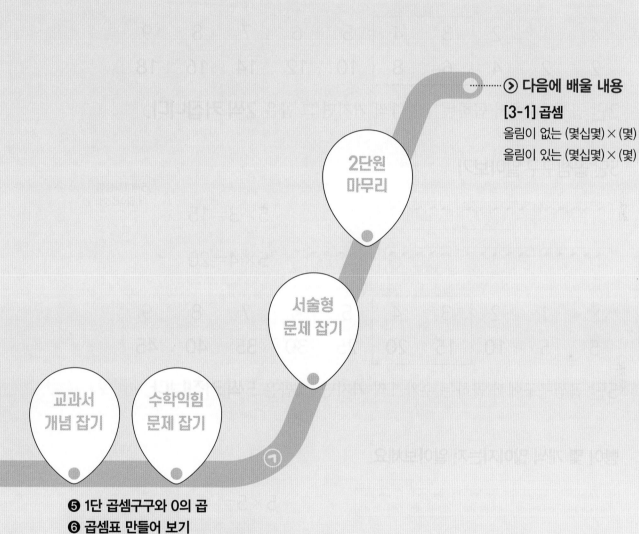

⊙ 다음에 배울 내용

[3-1] 곱셈
올림이 없는 (몇십몇) × (몇)
올림이 있는 (몇십몇) × (몇)

2단원
마무리

서술형
문제 잡기

교과서
개념 잡기

수학익힘
문제 잡기

❺ 1단 곱셈구구와 0의 곱
❻ 곱셈표 만들어 보기
❼ 곱셈구구를 이용하여 문제 해결하기

교과서 개념 잡기

개념 강의

① 2단, 5단 곱셈구구

2단 곱셈구구 알아보기

×	1	2	3	4	5	6	7	8	9
2	2	4	6	8	10	12	14	16	18

2단 곱셈구구에서 곱하는 수가 1씩 커지면 그 곱은 **2씩 커집니다.**

5단 곱셈구구 알아보기

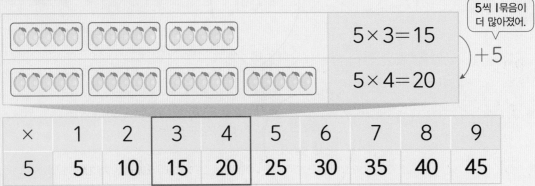

×	1	2	3	4	5	6	7	8	9
5	5	10	15	20	25	30	35	40	45

5단 곱셈구구에서 곱하는 수가 1씩 커지면 그 곱은 **5씩 커집니다.**

개념 확인 **1**

빵이 몇 개씩 많아지는지 알아보세요.

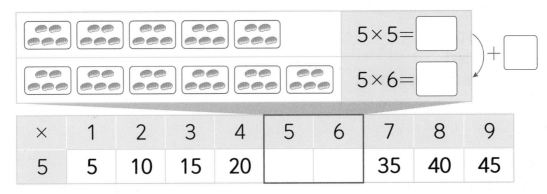

×	1	2	3	4	5	6	7	8	9
5	5	10	15	20			35	40	45

5단 곱셈구구에서 곱하는 수가 1씩 커지면 그 곱은 ☐ **씩 커집니다.**

2 2×6을 계산하는 방법을 알아보려고 합니다. 물음에 답하세요.

(1) 2씩 6번 더해서 계산해 보세요.

$2 \times 6 = 2 + \boxed{} + \boxed{} + \boxed{} + \boxed{} + \boxed{} = \boxed{}$

6번

(2) 2×5에 2를 더해서 계산해 보세요.

$2 \times 5 = 10$

$2 \times 6 = \boxed{} + \boxed{}$

3 그림을 보고 ☐ 안에 알맞은 수를 써넣으세요.

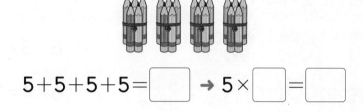

$5 + 5 + 5 + 5 = \boxed{} \rightarrow 5 \times \boxed{} = \boxed{}$

4 그림을 보고 곱셈식으로 나타내세요.

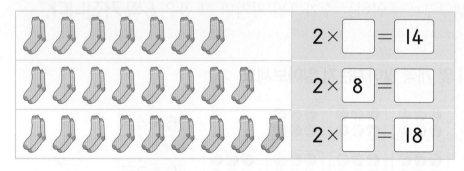

$2 \times \boxed{} = \boxed{14}$

$2 \times \boxed{8} = \boxed{}$

$2 \times \boxed{} = \boxed{18}$

5 그림을 보고 ☐ 안에 알맞은 수를 써넣으세요.

(1) $\rightarrow 5 \times \boxed{} = \boxed{}$

(2) $\rightarrow 5 \times \boxed{} = \boxed{}$

교과서 개념 잡기

② 3단, 6단 곱셈구구

3단 곱셈구구 알아보기

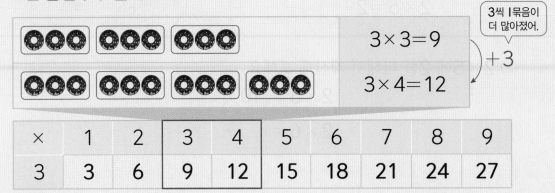

3씩 1묶음이 더 많아졌어.

$3 \times 3 = 9$

$3 \times 4 = 12$

$+3$

×	1	2	3	4	5	6	7	8	9
3	3	6	9	12	15	18	21	24	27

3단 곱셈구구에서 곱하는 수가 1씩 커지면 그 곱은 **3씩 커집니다.**

6단 곱셈구구 알아보기

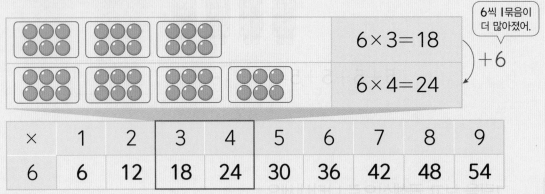

6씩 1묶음이 더 많아졌어.

$6 \times 3 = 18$

$6 \times 4 = 24$

$+6$

×	1	2	3	4	5	6	7	8	9
6	6	12	18	24	30	36	42	48	54

6단 곱셈구구에서 곱하는 수가 1씩 커지면 그 곱은 **6씩 커집니다.**

개념 확인 **1**

초콜릿이 몇 개씩 많아지는지 알아보세요.

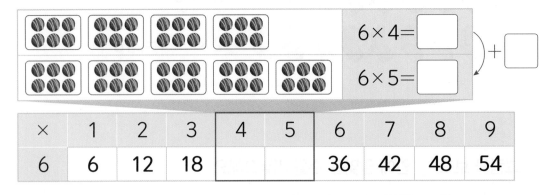

$6 \times 4 = \boxed{}$

$6 \times 5 = \boxed{}$

$+ \boxed{}$

×	1	2	3	4	5	6	7	8	9
6	6	12	18			36	42	48	54

6단 곱셈구구에서 곱하는 수가 1씩 커지면 그 곱은 $\boxed{}$ 씩 커집니다.

2 3×5를 계산하는 방법을 알아보려고 합니다. ☐ 안에 알맞은 수를 써넣으세요.

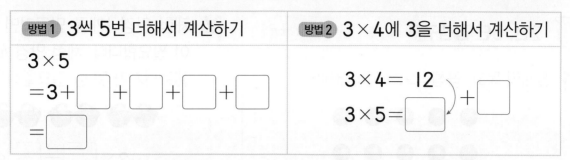

방법1 3씩 5번 더해서 계산하기	방법2 3×4에 3을 더해서 계산하기
3×5 $= 3 + \boxed{} + \boxed{} + \boxed{} + \boxed{}$ $= \boxed{}$	$3 \times 4 = 12$ $3 \times 5 = \boxed{} + \boxed{}$

3 6×5를 나타낸 그림을 보고 ☐ 안에 알맞은 수를 써넣으세요.

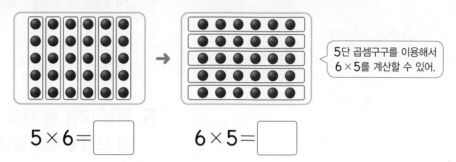

> 5단 곱셈구구를 이용해서 6×5를 계산할 수 있어.

$5 \times 6 = \boxed{}$　　　　$6 \times 5 = \boxed{}$

4 그림을 보고 곱셈식으로 나타내세요.

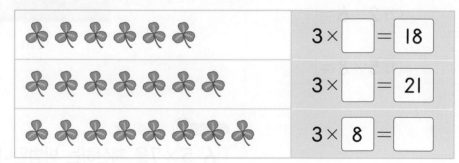

🍀🍀🍀🍀🍀🍀	$3 \times \boxed{} = 18$
🍀🍀🍀🍀🍀🍀🍀	$3 \times \boxed{} = 21$
🍀🍀🍀🍀🍀🍀🍀🍀	$3 \times 8 = \boxed{}$

5 곶감의 수를 알아보려고 합니다. 물음에 답하세요.

(1) 3단 곱셈구구를 이용하여 알아보세요.

$3 \times \boxed{} = \boxed{}$

(2) 6단 곱셈구구를 이용하여 알아보세요.

$6 \times \boxed{} = \boxed{}$

① 2단, 5단 곱셈구구 개념 032쪽

01 5개씩 묶고, 곱셈식으로 나타내세요.

$$5 \times \boxed{} = \boxed{}$$

02 ☐ 안에 알맞은 수를 써넣으세요.

(1) $2 \times 3 = \boxed{}$ (2) $2 \times 6 = \boxed{}$

(3) $5 \times 7 = \boxed{}$ (4) $5 \times 8 = \boxed{}$

03 2단 곱셈구구의 값을 찾아 이어 보세요.

(1) 2×5 · · 16

(2) 2×8 · · 18

(3) 2×9 · · 10

04 체험 안경 1개를 만들려면 셀로판지 2장이 필요합니다. 체험 안경 4개를 만들려면 셀로판지가 몇 장 필요할까요?

$$2 \times \boxed{} = \boxed{} \text{이므로}$$

모두 $\boxed{}$ 장이 필요합니다.

힌트 톡!
2씩 몇 묶음인지 생각해서 식을 써 봐.

05 연결 모형 한 개의 길이가 5 cm일 때, 연결 모형 6개의 길이를 ☐ 안에 쓰세요.

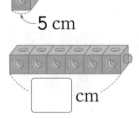

5 cm

$\boxed{}$ cm

교과역량 콕! 문제해결 | 추론

06 5×7을 계산하는 방법입니다. 그림을 보고 ☐ 안에 알맞은 수를 써넣으세요.

꽃잎의 수는 5씩 $\boxed{}$ 번 더하면 구할 수 있어.

꽃잎의 수는 5×6에 $\boxed{}$ 를 더해서 구할 수 있어.

② 3단, 6단 곱셈구구
개념 034쪽

07 구슬은 모두 몇 개인지 곱셈식으로 나타내세요.

(1)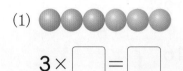

$3 \times \boxed{} = \boxed{}$

(2)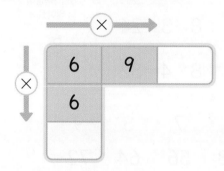

$3 \times \boxed{} = \boxed{}$

08 빈칸에 알맞은 수를 써넣으세요.

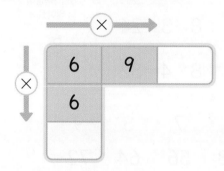

09 빈칸에 알맞은 수를 써넣으세요.

×	2	4	6	8
6				

10 세발자전거 5대의 바퀴는 모두 몇 개일까요?

(　　　　　　)

11 곱셈식이 옳게 되도록 이어 보세요.

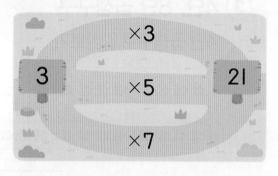

12 수직선을 보고 □ 안에 알맞은 수를 써넣으세요.

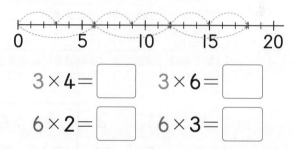

$3 \times 4 = \boxed{}$　$3 \times 6 = \boxed{}$

$6 \times 2 = \boxed{}$　$6 \times 3 = \boxed{}$

교과역량 콕! 문제해결 | 추론

13 머리핀은 모두 몇 개인지 알아보려고 합니다. 바른 방법을 모두 찾아 기호를 쓰세요.

⊙ 3씩 8번 더해서 구합니다.
ⓒ 3 × 7에 3을 더해서 구합니다.
ⓒ 6 × 8의 곱으로 구합니다.

(　　　　　　)

STEP 1 교과서 개념 잡기

③ 4단, 8단 곱셈구구

4단 곱셈구구 알아보기

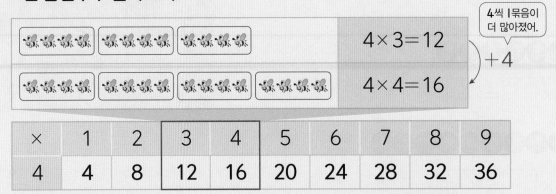

4씩 1묶음이 더 많아졌어.

$4 \times 3 = 12$
$4 \times 4 = 16$
$+4$

×	1	2	3	4	5	6	7	8	9
4	4	8	12	16	20	24	28	32	36

4단 곱셈구구에서 곱하는 수가 1씩 커지면 그 곱은 **4씩 커집니다.**

8단 곱셈구구 알아보기

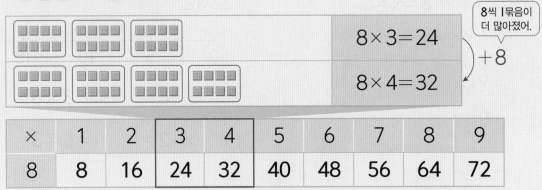

8씩 1묶음이 더 많아졌어.

$8 \times 3 = 24$
$8 \times 4 = 32$
$+8$

×	1	2	3	4	5	6	7	8	9
8	8	16	24	32	40	48	56	64	72

8단 곱셈구구에서 곱하는 수가 1씩 커지면 그 곱은 **8씩 커집니다.**

개념 확인 1

★이 몇 개씩 많아지는지 알아보세요.

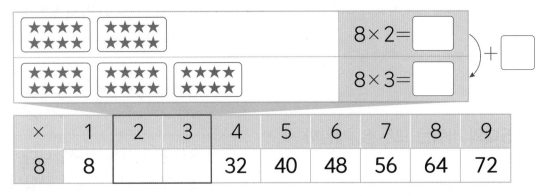

$8 \times 2 = \boxed{}$
$8 \times 3 = \boxed{}$
$+ \boxed{}$

×	1	2	3	4	5	6	7	8	9
8	8			32	40	48	56	64	72

8단 곱셈구구에서 곱하는 수가 1씩 커지면 그 곱은 $\boxed{}$씩 커집니다.

2   4 × 5를 계산하는 방법을 알아보려고 합니다. ☐ 안에 알맞은 수를 써넣으세요.

(1) 4씩 5번 더해서 계산해 보세요.

$$4 \times 5 = 4 + \boxed{} + \boxed{} + \boxed{} + \boxed{} = \boxed{}$$

(2) 4 × 4에 4를 더해서 계산해 보세요.

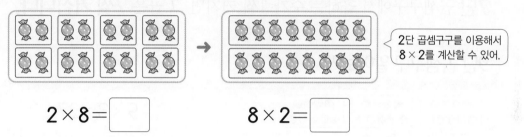

$$4 \times 4 = 16$$
$$4 \times 5 = \boxed{} + \boxed{}$$

3   8 × 2를 나타낸 그림을 보고 ☐ 안에 알맞은 수를 써넣으세요.

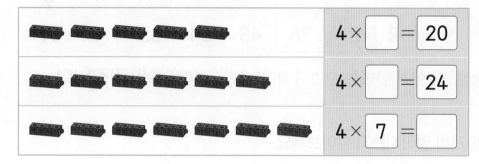

2단 곱셈구구를 이용해서 8 × 2를 계산할 수 있어.

$$2 \times 8 = \boxed{} \qquad 8 \times 2 = \boxed{}$$

4   그림을 보고 곱셈식으로 나타내세요.

	$4 \times \boxed{} = 20$
	$4 \times \boxed{} = 24$
	$4 \times 7 = \boxed{}$

5   귤의 수를 알아보려고 합니다. 물음에 답하세요.

(1) 8단 곱셈구구를 이용하여 알아보세요.

$$8 \times \boxed{} = \boxed{}$$

(2) 4단 곱셈구구를 이용하여 알아보세요.

$$4 \times \boxed{} = \boxed{}$$

④ 7단, 9단 곱셈구구

7단 곱셈구구 알아보기

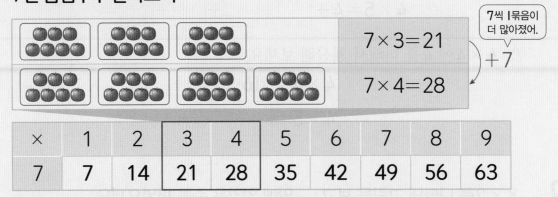

$7 \times 3 = 21$

$7 \times 4 = 28$

$+7$

7씩 I묶음이 더 많아졌어.

×	1	2	3	4	5	6	7	8	9
7	7	14	21	28	35	42	49	56	63

7단 곱셈구구에서 곱하는 수가 1씩 커지면 그 곱은 **7씩 커집니다.**

9단 곱셈구구 알아보기

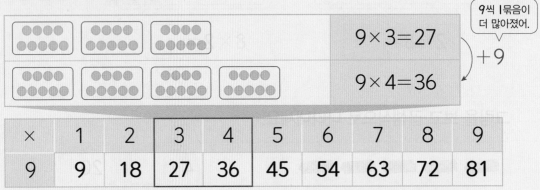

$9 \times 3 = 27$

$9 \times 4 = 36$

$+9$

9씩 I묶음이 더 많아졌어.

×	1	2	3	4	5	6	7	8	9
9	9	18	27	36	45	54	63	72	81

9단 곱셈구구에서 곱하는 수가 1씩 커지면 그 곱은 **9씩 커집니다.**

개념 확인 **1**

🖤가 몇 개씩 많아지는지 알아보세요.

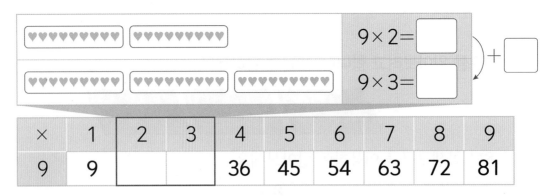

$9 \times 2 = \boxed{}$

$9 \times 3 = \boxed{}$

$+\boxed{}$

×	1	2	3	4	5	6	7	8	9
9	9			36	45	54	63	72	81

9단 곱셈구구에서 곱하는 수가 1씩 커지면 그 곱은 $\boxed{}$ **씩 커집니다.**

2 7×5를 계산하는 방법을 알아보려고 합니다. 물음에 답하세요.

(1) 7×4에 7을 더해서 계산해 보세요.

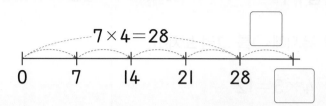

(2) 5단 곱셈구구를 이용하여 계산해 보세요.

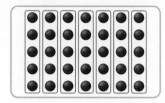

5개씩 7줄 있다고 생각하면

$5 \times \boxed{} = \boxed{}$ 입니다.

3 그림을 보고 곱셈식으로 나타내세요.

$7 \times \boxed{} = \boxed{42}$

$7 \times \boxed{} = \boxed{49}$

$7 \times \boxed{8} = \boxed{}$

4 그림을 보고 ⬡ 안에 알맞은 수를 써넣으세요.

(1) → $9 \times \boxed{} = \boxed{}$

(2) → $9 \times \boxed{} = \boxed{}$

5 장난감 자동차가 이동한 거리를 곱셈식으로 나타내세요.

(1) 9 cm 9 cm 9 cm 🚗

$9 \times \boxed{} = \boxed{}$ (cm)

(2) 9 cm 9 cm 9 cm 9 cm 🚗

$9 \times \boxed{} = \boxed{}$ (cm)

③ 4단, 8단 곱셈구구   개념 038쪽

01 곱셈식을 보고 봉지에 ○를 그려 보세요.

$$4 \times 3 = 12$$

02 크레파스는 모두 몇 개인지 곱셈식으로 나타내세요.

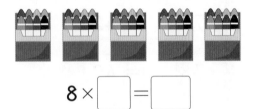

$$8 \times \boxed{} = \boxed{}$$

03 ☐ 안에 알맞은 수를 써넣으세요.

$$4 \times 6 = \boxed{}$$
$$+ \boxed{}$$
$$4 \times 7 = \boxed{}$$

04 곱이 36인 것에 ○표 하세요.

$$4 \times 8 \qquad 4 \times 9$$

교과역량 콕! 문제해결

05 ☐ 안에 알맞은 수를 써넣으세요.

$$4 \times \boxed{} = \boxed{}$$
$$8 \times \boxed{} = \boxed{}$$

06 4단 곱셈구구의 값에는 ○표, 8단 곱셈구구의 값에는 △표 하세요.

10	11	12	13	14
15	16	17	18	19
20	21	22	23	24
25	26	27	28	29

교과역량 콕! 추론 | 정보처리

07 ☐ 안에 알맞은 수를 써넣으세요.

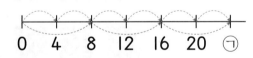

0 4 8 12 16 20 ㉠

$$4 \times 6 = \boxed{}, \ 8 \times 3 = \boxed{} \text{이므로}$$
$$㉠에 알맞은 수는 \boxed{} 야.$$

④ 7단, 9단 곱셈구구   개념 040쪽

08 ☐ 안에 알맞은 수를 써넣으세요.

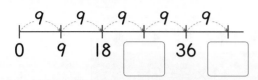

09 빈칸에 알맞은 수를 써넣으세요.

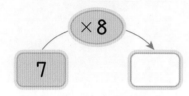

10 9×6을 계산하려고 합니다. ☐ 안에 알맞은 수를 써넣으세요.

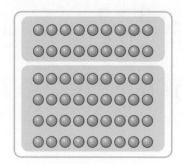

$9 \times 2 = $ ☐ 과 $9 \times 4 = $ ☐ 을 더해서 계산했습니다.

→ $9 \times 6 = $ ☐

11 ○ 안에 > 또는 < 를 알맞게 써넣으세요.

9×7 ○ 50

12 9단 곱셈구구를 찾아 선으로 이어 보세요.

7	27	36	45	50
9	18	51	54	68
20	15	40	63	70
52	24	56	72	81

출발→   →도착

교과역량 **콕!** 문제해결

13 7단 곱셈구구의 값을 찾아 색칠하고, 나타나는 숫자를 쓰세요.

11	21	14	28	39
15	42	24	63	40
1	22	33	49	41
38	54	9	35	18

(   )

교과역량 **콕!** 정보처리

14 〈보기〉와 같이 수 카드를 한 번씩만 사용하여 ☐ 안에 알맞은 수를 써넣으세요.

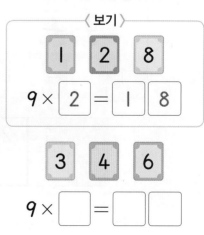

힌트 **톡넴** 수 카드의 수로 만들 수 있는 9단 곱셈식을 찾아봐.

교과서 개념 잡기

개념 강의

⑤ 1단 곱셈구구와 0의 곱

1단 곱셈구구 알아보기

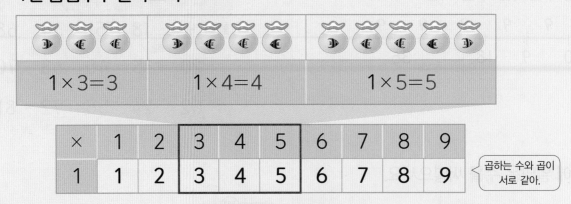

$1 \times 3 = 3$　　$1 \times 4 = 4$　　$1 \times 5 = 5$

×	1	2	3	4	5	6	7	8	9
1	1	2	3	4	5	6	7	8	9

곱하는 수와 곱이 서로 같아.

→ 1×(어떤 수)=(어떤 수)

0의 곱 알아보기

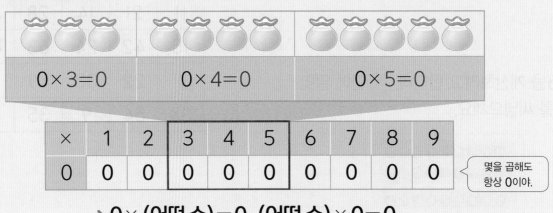

$0 \times 3 = 0$　　$0 \times 4 = 0$　　$0 \times 5 = 0$

×	1	2	3	4	5	6	7	8	9
0	0	0	0	0	0	0	0	0	0

몇을 곱해도 항상 0이야.

→ 0×(어떤 수)=0, (어떤 수)×0=0

개념 확인 1

새장 안에 있는 새의 수를 알아보세요.

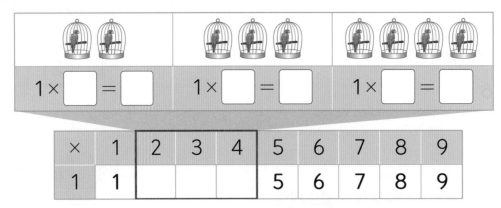

$1 \times \boxed{} = \boxed{}$　　$1 \times \boxed{} = \boxed{}$　　$1 \times \boxed{} = \boxed{}$

×	1	2	3	4	5	6	7	8	9
1	1				5	6	7	8	9

2 풍선은 모두 몇 개인지 곱셈식으로 나타내세요.

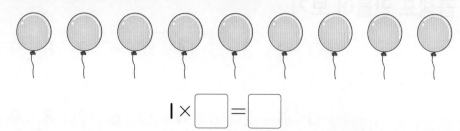

$$1 \times \boxed{} = \boxed{}$$

3 바구니에 있는 밤은 모두 몇 개인지 곱셈식으로 나타내세요.

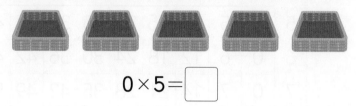

$$0 \times 5 = \boxed{}$$

4 ☐ 안에 알맞은 수를 써넣으세요.

(1) $1 \times 4 = \boxed{}$

(2) $8 \times 1 = \boxed{}$

(3) $0 \times 2 = \boxed{}$

(4) $7 \times 0 = \boxed{}$

5 연주가 화살 5개를 쏘았습니다. ☐ 안에 알맞은 수를 써넣으세요.

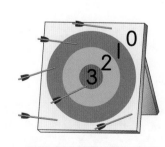

과녁에 적힌 수	맞힌 화살(개)	점수(점)
0	3	$0 \times 3 = \boxed{0}$
1	2	$1 \times 2 = \boxed{}$
2	0	$2 \times 0 = \boxed{}$
3	1	$3 \times 1 = \boxed{3}$

(연주가 얻은 점수)

$$= 0 + \boxed{} + \boxed{} + 3 = \boxed{} (점)$$ ◁ 점수를 모두 더해 봐.

교과서 개념 잡기

개념 강의

⑥ 곱셈표 만들어 보기

×	0	1	2	3	4	5	6	7	8	9
0	0	0	0	0	0	0	0	0	0	0
1	0	1	2	3	4	5	6	7	8	9
2	0	2	4	6	8	10	12	14	16	18
3	0	3	6	9	12	15	18	21	24	27
4	0	4	8	12	16	20	24	28	32	36
5	0	5	10	15	20	25	30	35	40	45
6	0	6	12	18	24	30	36	42	48	54
7	0	7	14	21	28	35	42	49	56	63
8	0	8	16	24	32	40	48	56	64	72
9	0	9	18	27	36	45	54	63	72	81

→ 세로줄과 가로줄의 수가 만나는 칸에 두 수의 곱을 써넣어.

■단 곱셈구구는 곱이 ■씩 커져.

점선(----)을 따라 접었을 때 만나는 수가 같아.

• 4단 곱셈구구는 곱이 4씩 커집니다.
• 곱하는 두 수의 순서를 바꾸어도 곱은 같습니다.
  → 3 × 5 = 15, 5 × 3 = 15

개념 확인

1 위 곱셈표를 보고 ☐ 안에 알맞은 수나 말을 써넣으세요.

• 3단 곱셈구구는 곱이 ☐씩 커집니다.

• 곱하는 두 수의 순서를 바꾸어도 곱은 ☐.

  → 3 × 7 = ☐, 7 × 3 = ☐

2 표를 완성해 보세요.

×	0	1	2	3	4	5	6	7	8	9
6	0	6		18	24			42		54
9	0		18			45	54		72	

3 4×6과 6×4의 곱을 비교해 보세요.

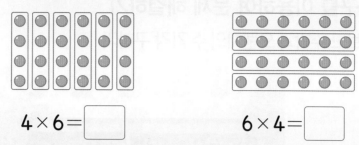

$4 \times 6 = \boxed{}$ $6 \times 4 = \boxed{}$

4×6의 곱과 6×4의 곱은 (같습니다 , 다릅니다).

[4~6] 곱셈표를 보고 물음에 답하세요.

×	2	3	4	5	6	7	8	9
2	4	6	8	10	12	14	16	18
3	6	9	12	15	18	21	24	27
4	8	12	16	20	24	28	32	36
5	10	15	20	25	30	35	40	45
6	12	18	24	30	36	42	48	54
7	14	21	28	35	42	49	56	63
8	16	24	32	40	48	56	64	72
9	18	27	36	45	54	63	72	81

4 곱이 18인 곳을 모두 찾아 색칠해 보세요.

5 곱이 8씩 커지는 곱셈구구는 몇 단 곱셈구구일까요?

(   )

6 곱의 일의 자리 숫자가 0, 5로 반복되는 곱셈구구는 몇 단 곱셈구구일까요?

(   )

개념 강의

⑦ 곱셈구구를 이용하여 문제 해결하기

그림을 보고 수박과 오렌지의 수 각각 구하기

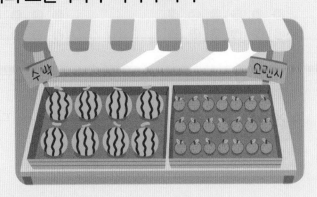

(1) 수박은 4통씩 2줄 있습니다. ─ 4단 곱셈구구를 이용해.

곱셈식 $4 \times 2 = 8$ → 수박은 모두 8통 있습니다. ◁ 2단 곱셈구구를 이용하여 $2 \times 4 = 8$로 구할 수도 있어.

(2) 오렌지는 7개씩 3줄 있습니다. ─ 7단 곱셈구구를 이용해.

곱셈식 $7 \times 3 = 21$ → 오렌지는 모두 21개 있습니다. ◁ 3단 곱셈구구를 이용하여 $3 \times 7 = 21$로 구할 수도 있어.

개념 확인 **1** 교실에 있는 여러 가지 물건의 수를 곱셈구구를 이용하여 알아보세요.

(1) 게시판의 그림은 9개씩 3줄 있습니다.

곱셈식 $9 \times \boxed{} = \boxed{}$ → 게시판의 그림은 모두 $\boxed{}$개입니다.

(2) 책꽂이의 칸은 8칸씩 2줄 있습니다.

곱셈식 $8 \times \boxed{} = \boxed{}$ → 책꽂이는 모두 $\boxed{}$칸입니다.

2 공원에 5명씩 앉을 수 있는 긴 의자가 4개 있습니다. 의자에 앉을 수 있는 사람은 모두 몇 명인지 알아보세요.

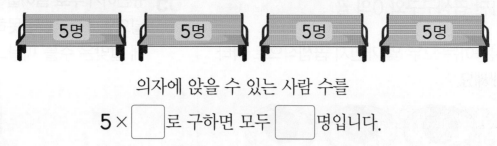

의자에 앉을 수 있는 사람 수를

5 × ☐ 로 구하면 모두 ☐ 명입니다.

3 개미 한 마리의 다리는 6개입니다. 개미 5마리의 다리는 모두 몇 개인지 알아보려고 합니다. 물음에 답하세요.

(1) 개미 다리의 수를 곱셈식으로 나타내세요.

6 × ☐ = ☐

(2) 개미 5마리의 다리는 모두 몇 개일까요?

( )

4 색 테이프 1장의 길이는 7 cm입니다. 색 테이프 2장의 길이는 몇 cm일까요?

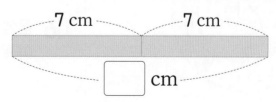

☐ cm

5 야구공이 한 상자에 8개씩 들어 있습니다. 3상자에 들어 있는 야구공은 모두 몇 개일까요?

( )

5 1단 곱셈구구와 0의 곱 개념 044쪽

01 복숭아는 모두 몇 개인지 곱셈식으로 나타내세요.

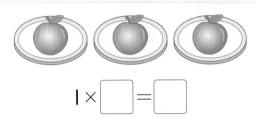

$1 \times \boxed{} = \boxed{}$

02 빈칸에 알맞은 수를 써넣으세요.

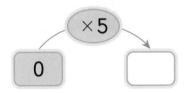

03 곱셈을 이용하여 빈 곳에 알맞은 수를 써넣으세요.

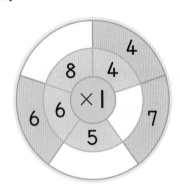

04 4×0과 곱이 같은 것에 색칠해 보세요.

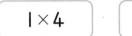

| 1×4 | 0×8 |

교과역량 콕! 문제해결 | 연결

05 규민이가 **투호 놀이**를 했습니다. 통에 화살을 넣으면 1점, 넣지 못하면 0점일 때, ☐ 안에 알맞은 수를 써넣으세요.

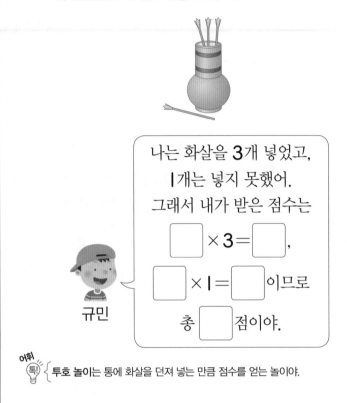

나는 화살을 **3**개 넣었고, 1개는 넣지 못했어. 그래서 내가 받은 점수는 $\boxed{} \times 3 = \boxed{}$, $\boxed{} \times 1 = \boxed{}$ 이므로 총 $\boxed{}$ 점이야.

규민

어휘 톡! 투호 놀이는 통에 화살을 던져 넣는 만큼 점수를 얻는 놀이야.

6 곱셈표 만들어 보기 개념 046쪽

06 곱셈표에서 ★과 곱이 같은 곱셈구구를 찾아 ♥표 하세요.

×	2	4	6	8
2	4		12	16
4		16	24	
6		24		48
8	16	★	48	

[07~08] 곱셈표를 보고 물음에 답하세요.

×	3	4	5	6	7	8
3	9	12	15	18	21	24
4	12	16	20	24	28	32
5	15	20	25	30	35	40
6	18	24	30	36	42	48
7	21	28	35	42	49	56
8	24	32	40	48	56	64

07 곱셈표에서 3×8과 곱이 같은 곱셈구구를 찾아 쓰세요.

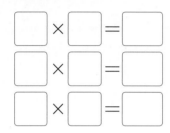

08 곱셈표를 보고 조건을 만족하는 수를 쓰세요.

- 7단 곱셈구구의 수입니다.
- 홀수입니다.
- 십의 자리 숫자는 40을 나타냅니다.

(   )

7 곱셈구구를 이용하여
문제 해결하기

개념 048쪽

09 원희는 한 봉지에 4개씩 들어 있는 사탕을 7봉지 샀습니다. 원희가 산 사탕은 모두 몇 개일까요?

(   )

10 진우의 나이는 8살입니다. 진우 할아버지의 `연세`는 진우 나이의 8배입니다. 진우 할아버지의 연세는 몇 세일까요?

(   )

어휘 톡! 연세는 나이를 높여 부르는 말이야.

교과역량 콕! 문제해결

11 곱셈구구를 이용하여 여러 가지 방법으로 머핀의 수를 구하세요.

방법1 1×4와 2×6을 더하면
모두 ☐ 개입니다.

방법2 $6 \times$ ☐ 에서 ☐ 를 빼면
모두 ☐ 개입니다.

12 가위바위보를 하여 이기면 5점을 얻는 놀이를 했습니다. 윤주가 얻은 점수를 구하세요.

	첫째 판	둘째 판	셋째 판
윤주	✌	✊	✋
서준	✋	✌	✋

곱셈식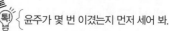

답

힌트 톡! 윤주가 몇 번 이겼는지 먼저 세어 봐.

STEP 3 서술형 문제 잡기

1

3×3은 3×2보다 얼마나 더 큰지 ○를 그리고, 설명해 보세요.

1단계 3×3이 되도록 ○ 그리기

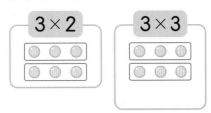

3×2   3×3

2단계 3×3은 3×2보다 얼마나 더 큰지 설명하기

3×3은 3×2보다 □씩 □묶음이 더

많으므로 □만큼 더 큽니다.

2

4×4는 4×2보다 얼마나 더 큰지 ○를 그리고, 설명해 보세요.

1단계 4×4가 되도록 ○ 그리기

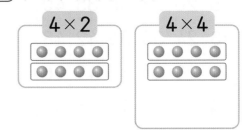

4×2   4×4

2단계 4×4는 4×2보다 얼마나 더 큰지 설명하기

_____

_____

3

과자의 수를 구하는 방법이 잘못된 이유를 쓰세요.

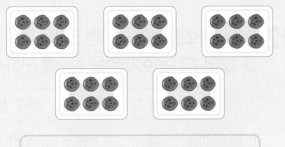

6×5에 6을 더해서 구합니다.

이유 어느 부분이 잘못되었는지 쓰기

과자의 수는 6× □ 이므로

6× □ 에 6을 더해서 구해야 합니다.

4

송편의 수를 구하는 방법이 잘못된 이유를 쓰세요.

8씩 5번 더해서 구합니다.

이유 어느 부분이 잘못되었는지 쓰기

_____

_____

5

민주는 2개씩 들어 있는 구슬을 3묶음 가지고 있고, 세훈이는 민주의 2배만큼 구슬을 가지고 있습니다. 세훈이가 가지고 있는 구슬은 모두 몇 개인지 풀이 과정을 쓰고, 답을 구하세요.

(1단계) 민주가 가지고 있는 구슬의 수 구하기

민주는 구슬을 2개씩 3묶음 가지고 있으므로

$2 \times \boxed{} = \boxed{}$ (개)입니다.

(2단계) 세훈이가 가지고 있는 구슬의 수 구하기

세훈이가 가지고 있는 구슬은 민주가 가지고 있는 구슬 수의 2배이므로

$\boxed{} \times 2 = \boxed{}$ (개)입니다.

답 _____

6

지호는 4장씩 들어 있는 딱지를 2묶음 가지고 있고, 정아는 지호의 3배만큼 딱지를 가지고 있습니다. 정아가 가지고 있는 딱지는 모두 몇 장인지 풀이 과정을 쓰고, 답을 구하세요.

(1단계) 지호가 가지고 있는 딱지의 수 구하기

_____

_____

(2단계) 정아가 가지고 있는 딱지의 수 구하기

_____

_____

_____

답 _____

7

주경이는 문구점에서 학용품을 샀습니다. 주경이의 말을 보고 주경이가 산 학용품의 수는 모두 몇 개인지 구하세요.

색연필
5자루씩 1묶음

공책
7권씩 1묶음

나는 공책을
4묶음 샀어.

주경

(1단계) 주경이가 산 학용품과 묶음 수 구하기

(색연필 , 공책) $\boxed{}$ 묶음

(2단계) 주경이가 산 학용품의 수를 곱셈식으로 나타내기

$7 \times \boxed{} = \boxed{}$

8 창의형

과일 가게에서 과일을 사려고 합니다. 사고 싶은 과일을 고르고, 과일의 수는 모두 몇 개인지 구하세요.

귤
8개씩 1묶음

복숭아
6개씩 1묶음

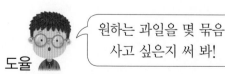

원하는 과일을 몇 묶음
사고 싶은지 써 봐!

도율

(1단계) 사고 싶은 과일과 묶음 수 정하기

(귤 , 복숭아) $\boxed{}$ 묶음

(2단계) 사고 싶은 과일의 수를 곱셈식으로 나타내기

$\boxed{} \times \boxed{} = \boxed{}$

맞힌 개수

01 ☐ 안에 알맞은 수를 써넣으세요.

$4+4+4+4+4+4=$ ☐

$4×6=$ ☐

02 곱셈식을 보고 빈 접시에 ○를 그려 보세요.

$2×5=10$

03 구슬은 모두 몇 개인지 곱셈식으로 나타내세요.

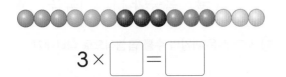

$3×$ ☐ $=$ ☐

04 수직선을 보고 ☐ 안에 알맞은 수를 써넣으세요.

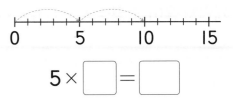

$5×$ ☐ $=$ ☐

05 개구리가 이동한 거리를 곱셈식으로 나타내세요.

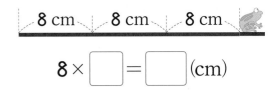

$8×$ ☐ $=$ ☐ (cm)

06 연필은 모두 몇 자루인지 곱셈식으로 나타내세요.

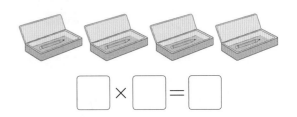

☐ $×$ ☐ $=$ ☐

07 ☐ 안에 알맞은 수를 써넣으세요.

$7×6=$ ☐

$+$ ☐

$7×7=$ ☐

08 빈칸에 알맞은 수를 써넣으세요.

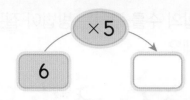

09 빈칸에 알맞은 수를 써넣으세요.

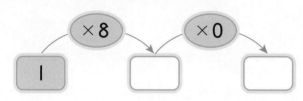

10 굴비가 한 줄에 8마리씩 묶여 있습니다. 4줄에 묶여 있는 굴비는 모두 몇 마리일까요?

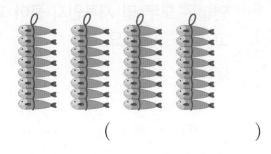

( )

11 ○ 안에 > 또는 < 를 알맞게 써넣으세요.

$$4 \times 8 \bigcirc 7 \times 5$$

12 곱이 같은 것끼리 선으로 이어 보세요.

(1) 2×6 ·   · 3×9

(2) 9×3 ·   · 6×4

(3) 3×8 ·   · 4×3

[13~15] 곱셈표를 보고 물음에 답하세요.

×	5	6	7	8	9
5	25	30		40	
6		36	42		54
7	35		49		63
8			56	64	72
9		54		72	

13 곱셈표를 완성해 보세요.

14 곱셈표에서 8×5와 곱이 같은 곱셈구구를 찾아 쓰세요.

15 곱셈표를 보고 조건을 만족하는 수를 쓰세요.

> • 9단 곱셈구구의 수입니다.
> • 짝수입니다.
> • 십의 자리 숫자는 50을 나타냅니다.

( )

16 사자의 수를 알아보려고 합니다. ☐ 안에 알맞은 수를 써넣으세요.

$3 \times \boxed{} = \boxed{}$

$6 \times \boxed{} = \boxed{}$

17 곱셈구구를 이용하여 연결 모형의 수를 구하세요.

2×3과 $4 \times \boxed{}$ 를 더하면

모두 $\boxed{}$개입니다.

18 주사위를 굴려서 나온 결과가 다음과 같습니다. 나온 점의 수의 전체 합을 구하세요.

주사위 점	·	∴	∴·
나온 횟수(번)	3	1	0

(   )

서술형

19 김밥의 수를 구하는 방법이 잘못된 이유를 쓰세요.

7씩 4번 더해서 구합니다.

(이유)

20 지유는 3자루씩 들어 있는 연필을 3묶음 가지고 있고, 태주는 연필을 지유의 2배만큼 가지고 있습니다. 태주가 가지고 있는 연필은 모두 몇 자루인지 풀이 과정을 쓰고, 답을 구하세요.

(풀이)

(답)

내 꿈은 아이돌! 오늘도 열심히 춤을 추며 연습하고 있어요.
어라? 그런데 거울에 비친 모습이 뭔가 이상하네요?
이상한 부분 다섯 군데를 찾아 주세요.

정답은 개념책 152쪽에서 확인하세요.

3

길이 재기

학습을 끝낸 후
색칠하세요.

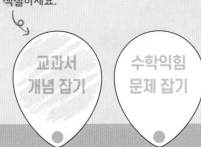

교과서
개념 잡기

수학익힘
문제 잡기

❶ cm보다 더 큰 단위 / 자로 길이 재기
❷ 길이의 합

⌄ 이전에 배운 내용

[2-1] 길이 재기
1 cm 알아보기
자로 길이 재기

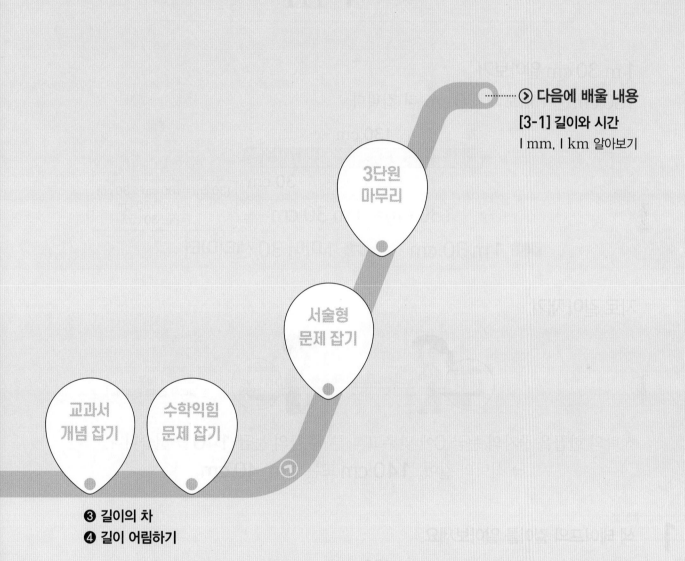

다음에 배울 내용

[3-1] 길이와 시간

Ⅰ mm, Ⅰ km 알아보기

3단원
마무리

서술형
문제 잡기

교과서
개념 잡기

수학익힘
문제 잡기

❸ 길이의 차
❹ 길이 어림하기

교과서 개념 잡기

개념 강의

① cm보다 더 큰 단위 / 자로 길이 재기

1 m 알아보기

100 cm는 1 m와 같습니다. 1 m는 1 미터라고 읽습니다.

100 cm=1 m → 쓰기 **1 m** 읽기 **1 미터**

1 m 30 cm 알아보기

130 cm는 1 m보다 30 cm 더 깁니다.

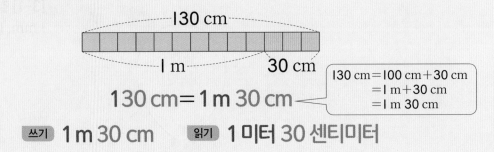

130 cm=1 m 30 cm

$$130 \text{ cm}=100 \text{ cm}+30 \text{ cm}$$
$$=1 \text{ m}+30 \text{ cm}$$
$$=1 \text{ m } 30 \text{ cm}$$

쓰기 **1 m 30 cm**   읽기 **1 미터 30 센티미터**

자로 길이 재기

줄자는 1 m보다 긴 길이를 잴 때 편리해.

식탁의 한끝을 줄자의 눈금 0에 맞추고 다른 쪽 끝의 눈금 **140**을 읽습니다.

→ 식탁의 길이: **140 cm** 또는 **1 m 40 cm**

개념 확인 **1**   색 테이프의 길이를 알아보세요.

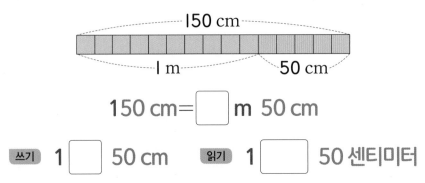

150 cm= ☐ m 50 cm

쓰기 1 ☐ 50 cm   읽기 1 ☐ 50 센티미터

2 길이를 바르게 따라 쓰세요.

(1) 1 m

(2) 3m

3 길이를 바르게 읽은 것에 ○표 하세요.

2 m 40 cm

2미터 40미터	2미터 40센티미터
( )	( )

4 ☐ 안에 알맞은 수를 써넣으세요.

170 cm = ☐ m ☐ cm

5 ☐ 안에 알맞은 수를 써넣으세요.

(1) 400 cm = ☐ m

(2) 5 m = ☐ cm

(3) 380 cm = ☐ m ☐ cm

(4) 2 m 60 cm = ☐ cm

교과서 개념 잡기

개념 강의

② 길이의 합

1 m 30 cm + 1 m 10 cm 계산하기

m는 m끼리, cm는 cm끼리 더합니다.

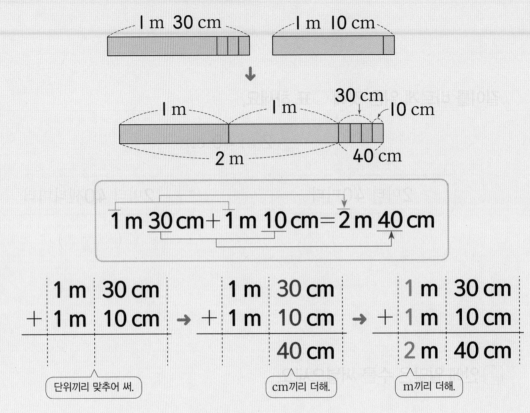

개념 확인 **1** 그림을 보고 ☐ 안에 알맞은 수를 써넣으세요.

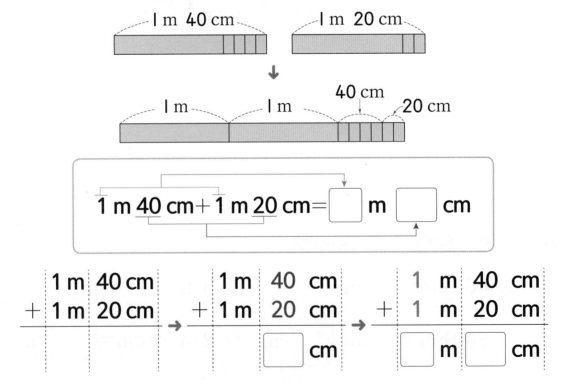

2 ☐ 안에 알맞은 수를 써넣으세요.

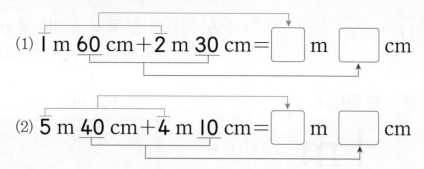

(1) 1 m 60 cm + 2 m 30 cm = ☐ m ☐ cm

(2) 5 m 40 cm + 4 m 10 cm = ☐ m ☐ cm

3 길이의 합을 구하세요.

(1)
```
    1 m  23 cm
+   5 m  10 cm
```
☐ m ☐ cm

(2)
```
    6 m  70 cm
+   2 m  25 cm
```
☐ m ☐ cm

4 바르게 계산한 것에 ○표 하세요.

```
   7 m  20 cm
+  2 m  40 cm
   9 m   6 cm
```
( )

```
   4 m  10 cm
+  3 m  10 cm
   7 m  20 cm
```
( )

```
   3 m  40 cm
+  5 m  40 cm
   7 m  80 cm
```
( )

5 그림을 보고 ☐ 안에 알맞은 수를 써넣으세요.

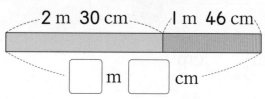

2 m 30 cm   1 m 46 cm

☐ m ☐ cm

1 cm보다 더 큰 단위 /
자로 길이 재기

개념 060쪽

01 길이를 바르게 쓴 것에 ○표 하세요.

( ) ( )

02 침대의 길이를 재는 데 알맞은 자에 ○표 하세요.

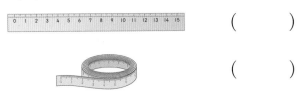

( )

( )

03 한 줄로 놓인 물건들의 길이를 자로 재었습니다. 전체 길이는 몇 m 몇 cm일까요?

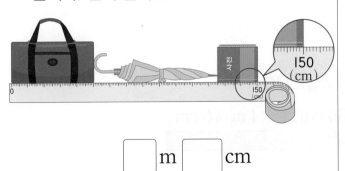

☐ m ☐ cm

04 거울의 긴 쪽의 길이는 몇 m 몇 cm인지 ☐ 안에 알맞은 수를 써넣으세요.

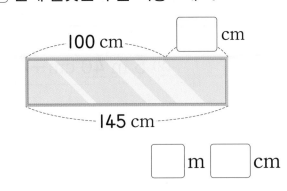

100 cm

☐ cm

145 cm

☐ m ☐ cm

05 같은 길이끼리 이어 보세요.

(1) 354 cm • • 3 m 4 cm

(2) 304 cm • • 3 m 50 cm

(3) 350 cm • • 3 m 54 cm

교과역량 콕! 연결 | 정보처리

06 준수의 키를 두 가지 방법으로 나타내세요.

137
136
(cm)

준수

☐ cm = ☐ m ☐ cm

07 가장 긴 길이를 말한 사람은 누구일까요?

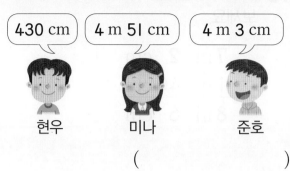

| 430 cm | 4 m 5l cm | 4 m 3 cm |

현우   미나   준호

(   )

08 cm와 m 중 알맞은 단위를 쓰세요.

(1) 한 걸음의 길이: 약 50 ☐

(2) 엘리베이터의 높이: 약 3 ☐

(3) 가로등의 높이: 약 400 ☐

09 밑줄 친 부분이 잘못된 것의 기호를 쓰고, 수를 바르게 고쳐 보세요.

> ㉠ 7 m 54 cm는 <u>754</u> cm로 나타낼 수 있어.
>
> ㉡ 5 m 3 cm는 <u>53</u> cm로 나타낼 수 있어.

기호 (   )

바르게 고치기 (   )

10 줄넘기의 길이를 바르게 나타낸 것을 모두 찾아 기호를 쓰세요.

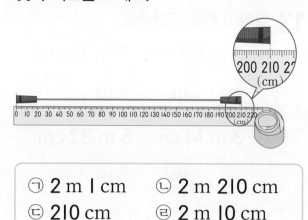

| ㉠ 2 m l cm | ㉡ 2 m 210 cm |
| ㉢ 210 cm | ㉣ 2 m l0 cm |

(   )

11 l m보다 긴 물건을 찾아 자로 길이를 재고, 두 가지 방법으로 길이를 나타내세요.

물건	☐ cm	☐ m ☐ cm
소파	250 cm	2 m 50 cm

교과역량 콕! 문제해결

12 수 카드 3장을 한 번씩만 사용하여 만들 수 있는 가장 긴 길이를 구하세요.

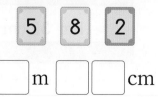

| 5 | 8 | 2 |

☐ m ☐ ☐ cm

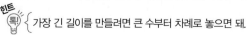
힌트톡! 가장 긴 길이를 만들려면 큰 수부터 차례로 놓으면 돼.

3. 길이 재기 **065**

2 **길이의 합**   개념 062쪽

13 길이의 합을 구하세요.

(1) 2 m 23 cm + 5 m 14 cm

= ☐ m ☐ cm

(2) 3 m 41 cm + 5 m 32 cm

= ☐ m ☐ cm

14 ☐ 안에 알맞은 수를 써넣으세요.

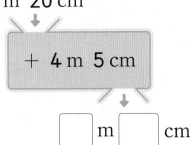

2 m 20 cm

+ 4 m 5 cm

☐ m ☐ cm

15 두 막대의 길이의 합을 구하세요.

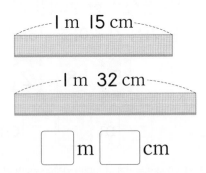

1 m 15 cm

1 m 32 cm

☐ m ☐ cm

16 계산이 잘못된 곳을 찾아 바르게 계산해 보세요.

```
   7 m   2  cm
+  1 m  40 cm   →
   8 m   6  cm
```

17 길이의 합은 몇 m 몇 cm인지 빈칸에 써넣으세요.

4 m 50 cm

+2 m 10 cm

+3 m 30 cm

18 길이가 더 긴 것의 기호를 쓰세요.

㉠ 3 m 56 cm + 6 m 21 cm
㉡ 5 m 80 cm + 4 m 12 cm

( )

19 길이의 합이 같은 2개를 찾아 색칠해 보세요.

> 1 m 20 cm + 5 m 50 cm

> 2 m 30 cm + 7 m 45 cm

> 3 m 10 cm + 4 m 26 cm

> 4 m 60 cm + 2 m 10 cm

20 은행나무의 높이는 감나무의 높이보다 2 m 20 cm 더 높습니다. 은행나무의 높이는 몇 m 몇 cm일까요?

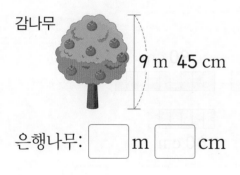

감나무　9 m 45 cm

은행나무: ☐ m ☐ cm

21 ☐ 안에 알맞은 수를 써넣으세요.

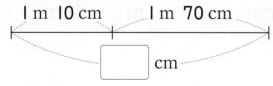

1 m 10 cm　1 m 70 cm

☐ cm

22 ☐ 안에 알맞은 수를 써넣으세요.

> 1 m 43 cm + 256 cm
> = ☐ m ☐ cm

교과역량 콕! 문제해결

23 윤서는 운동장을 다음과 같이 달렸습니다. 출발점부터 도착점까지 윤서가 달린 거리는 몇 m 몇 cm일까요?

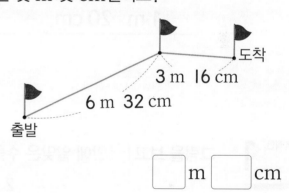

도착

3 m 16 cm

6 m 32 cm

출발

☐ m ☐ cm

교과역량 콕! 문제해결

24 가장 긴 길이와 가장 짧은 길이의 합은 몇 m 몇 cm일까요?

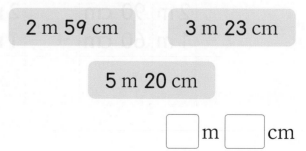

2 m 59 cm　　3 m 23 cm

5 m 20 cm

☐ m ☐ cm

개념 강의

③ 길이의 차

2 m 40 cm − 1 m 20 cm 계산하기

m는 m끼리, cm는 cm끼리 뺍니다.

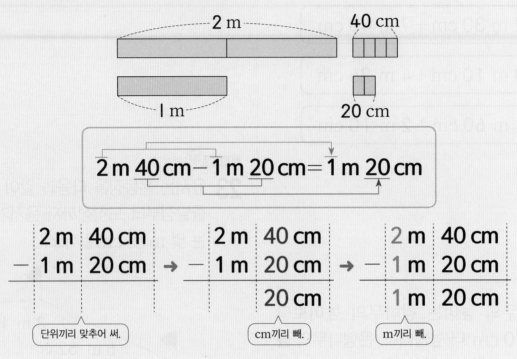

개념 확인 **1**

그림을 보고 ◯ 안에 알맞은 수를 써넣으세요.

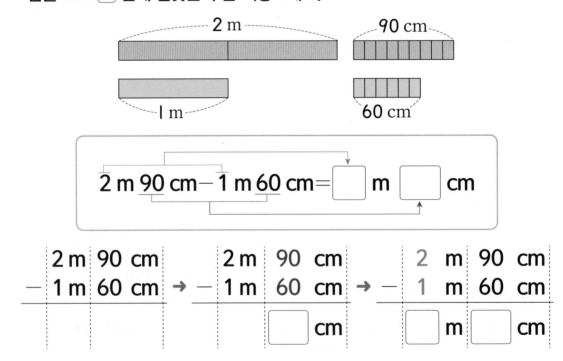

2 ☐ 안에 알맞은 수를 써넣으세요.

(1)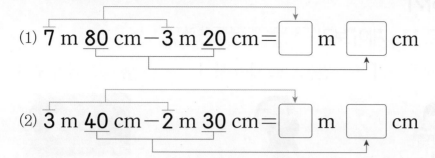

7 m 80 cm − 3 m 20 cm = ☐ m ☐ cm

(2) 3 m 40 cm − 2 m 30 cm = ☐ m ☐ cm

3 길이의 차를 구하세요.

(1)
$$
\begin{array}{r}
5\ \text{m}\ \ 77\ \text{cm} \\
-\ 2\ \text{m}\ \ 60\ \text{cm} \\
\hline
\boxed{}\ \text{m}\ \boxed{}\ \text{cm}
\end{array}
$$

(2)
$$
\begin{array}{r}
8\ \text{m}\ \ 49\ \text{cm} \\
-\ 3\ \text{m}\ \ 14\ \text{cm} \\
\hline
\boxed{}\ \text{m}\ \boxed{}\ \text{cm}
\end{array}
$$

4 잘못 계산한 것에 ✕표 하세요.

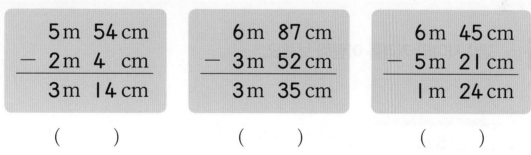

$$
\begin{array}{r}
5\,\text{m}\ \ 54\,\text{cm} \\
-\ 2\,\text{m}\ \ 4\ \,\text{cm} \\
\hline
3\,\text{m}\ \ 14\,\text{cm}
\end{array}
\qquad
\begin{array}{r}
6\,\text{m}\ \ 87\,\text{cm} \\
-\ 3\,\text{m}\ \ 52\,\text{cm} \\
\hline
3\,\text{m}\ \ 35\,\text{cm}
\end{array}
\qquad
\begin{array}{r}
6\,\text{m}\ \ 45\,\text{cm} \\
-\ 5\,\text{m}\ \ 21\,\text{cm} \\
\hline
1\,\text{m}\ \ 24\,\text{cm}
\end{array}
$$

(   )   (   )   (   )

5 그림을 보고 ☐ 안에 알맞은 수를 써넣으세요.

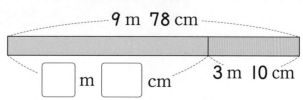

9 m 78 cm

☐ m ☐ cm   3 m 10 cm

④ 길이 어림하기

몸의 부분으로 1 m 재어 보기 ── 몸의 부분이 같더라도 사람에 따라, 시간이 지남에 따라 달라질 수 있어.

양팔 벌려 재어 보기	걸음으로 재어 보기	뼘으로 재어 보기

1 m → 약 1번	1 m → 약 2걸음	1 m → 약 7뼘

어림하여 말할 때는 '약'을 붙여서 나타내.

깃발 사이의 거리 어림하기

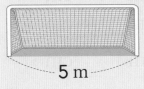

5 m

축구 골대 긴 쪽의 길이가 약 5 m이므로 2배 정도로 어림했습니다.

→ 깃발 사이 거리: 약 10 m

개념 확인

1 깃발 사이의 거리를 어림해 보세요.

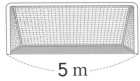

5 m

축구 골대 긴 쪽의 길이가 약 5 m이므로 3배 정도로 어림했습니다.

→ 깃발 사이 거리: 약 [ ] m

2 세호가 양팔을 벌린 길이가 약 l m일 때 신문지를 이어서 만든 길이를 구하려고
합니다. ☐ 안에 알맞은 수를 써넣으세요.

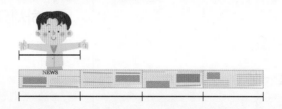

(1) 신문지를 이어서 만든 길이는 세호가 양팔을 벌린 길이로 약 ☐ 번입니다.

(2) 신문지를 이어서 만든 길이는 약 ☐ m입니다.

3 길이가 l m보다 긴 것을 모두 찾아 ○표 하세요.

선생님의 키	연필의 길이	침대 긴 쪽의 길이	손바닥의 길이
( )	( )	( )	( )

4 실제 길이에 가까운 것을 찾아 이어 보세요.

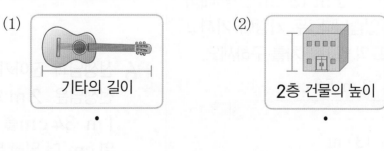

(1) 기타의 길이

(2) 2층 건물의 높이

l m   7 m   100 m

3 길이의 차

개념 068쪽

01 길이의 차를 구하세요.

(1) 8 m 48 cm − 2 m 25 cm

= ☐ m ☐ cm

(2) 4 m 96 cm − 3 m 31 cm

= ☐ m ☐ cm

02 길이의 차는 몇 m 몇 cm인지 빈칸에 써 넣으세요.

2 m 75 cm	1 m 55 cm

03 우주는 3 m 58 cm인 색 테이프를 가지고 있고, 혜선이는 2 m 13 cm인 색 테이프를 가지고 있습니다. 두 사람이 가지고 있는 색 테이프의 길이의 차를 구하세요.

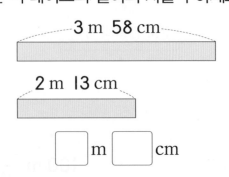

3 m 58 cm

2 m 13 cm

☐ m ☐ cm

04 두 공룡의 키 차이는 몇 m 몇 cm인지 구하세요.

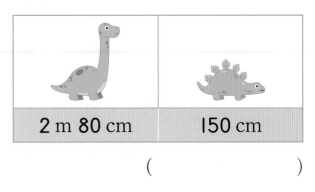

2 m 80 cm	150 cm

( )

05 길이가 2 m 43 cm인 고무줄을 양쪽에서 잡아당겼더니 4 m 75 cm가 되었습니다. 늘어난 길이는 몇 m 몇 cm일까요?

( )

06 선생님과 진아가 멀리뛰기를 하였습니다. 선생님은 2 m 49 cm를 뛰었고, 진아는 1 m 34 cm를 뛰었습니다. 누가 몇 m 몇 cm 더 멀리 뛰었나요?

더 멀리 뛴 사람 ( )

더 멀리 뛴 길이 ( )

4 길이 어림하기 　개념 070쪽

07 길이가 1 m인 색 테이프로 막대의 길이를 어림하였습니다. 막대의 길이는 약 몇 m 일까요?

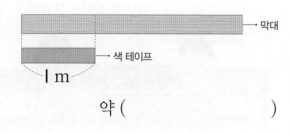

약 (　　　　　　)

08 알맞은 길이를 골라 문장을 완성해 보세요.

| 1 m | 2 m | 20 m |

(1) 침대 긴 쪽의 길이: 약 ☐

(2) 체육관의 짧은 쪽의 길이: 약 ☐

09 윤아의 두 걸음이 1 m라면 창문의 길이는 약 몇 m일까요?

약 (　　　　　　)

10 야외 무대의 길이는 약 몇 m인가요?

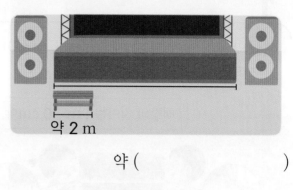

약 (　　　　　　)

11 길이가 10 m보다 긴 것을 모두 찾아 기호를 쓰세요.

> ㉠ 붓의 길이
> ㉡ 비행기의 길이
> ㉢ 어른 20명이 양팔을 벌리고 나란히 서 있는 길이

(　　　　　　)

교과역량 콕! 문제해결 | 정보처리
12 밭의 길이를 구하세요.

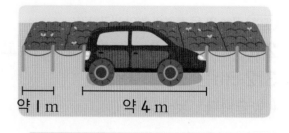

> • 자동차의 길이: 약 4 m
> • 울타리 한 칸의 길이: 약 1 m

약 (　　　　　　)

1

책장의 길이를 줄자로 재었습니다. 길이 재기가 잘못된 이유를 쓰세요.

책장의 길이는 1 m 30 cm야.

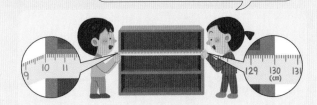

(이유) 줄자로 길이 재는 방법을 생각하며 이유 쓰기

책장의 한쪽 끝을 줄자의 눈금 ☐ 에 맞추어

야 하는데 ☐ 에 맞추었기 때문입니다.

2

화단의 길이를 줄자로 재었습니다. 길이 재기가 잘못된 이유를 쓰세요.

화단의 길이는 2 m야.

(이유) 줄자로 길이 재는 방법을 생각하며 이유 쓰기

_____

_____

3

높이가 3 m인 터널이 있습니다. 가와 나 트럭 중 **터널을 지날 수 있는 트럭**은 무엇인지 풀이 과정을 쓰고, 답을 구하세요.

가 트럭의 높이	나 트럭의 높이
2 m 45 cm	312 cm

(1단계) 3 m와 두 트럭의 높이 비교하기

2 m 45 cm는 3 m보다 (높고 , 낮고),

312 cm는 3 m보다

(높습니다 , 낮습니다).

(2단계) 터널을 지날 수 있는 트럭 찾기

터널을 지나려면 3 m보다 높이가 낮아야 하

므로 지날 수 있는 트럭은 ☐ 입니다.

(답) _____

4

높이가 5 m인 터널이 있습니다. 가와 나 트럭 중 **터널을 지날 수 없는 트럭**은 무엇인지 풀이 과정을 쓰고, 답을 구하세요.

가 트럭의 높이	나 트럭의 높이
405 cm	5 m 14 cm

(1단계) 5 m와 두 트럭의 높이 비교하기

_____

_____

(2단계) 터널을 지날 수 없는 트럭 찾기

_____

_____

(답) _____

5

더 **긴** 길이를 어림한 사람은 누구인지 풀이 과정을 쓰고, 답을 구하세요.

> 지유: 내 양팔을 벌린 길이가 약 **1** m인데 **3**번 잰 길이가 책상의 길이와 같았어.
> 도현: 내 두 걸음이 약 **1** m인데 신발장의 길이가 **4**걸음과 같았어.

(1단계) 지유와 도현이가 어림한 길이 각각 구하기

지유가 어림한 길이는 약 ☐ m이고,

도현이가 어림한 길이는 약 ☐ m입니다.

(2단계) 더 긴 길이를 어림한 사람 찾기

더 긴 길이를 어림한 사람은 ☐ 입니다.

답 _____

6

더 **짧은** 길이를 어림한 사람은 누구인지 풀이 과정을 쓰고, 답을 구하세요.

> 진수: 내 **7**뼘이 약 **1** m인데 서랍의 길이가 **21**뼘과 같았어.
> 서희: 내 양팔을 벌린 길이가 약 **1** m인데 **4**번 잰 길이가 시소의 길이와 같았어.

(1단계) 진수와 서희가 어림한 길이 각각 구하기

_____

_____

(2단계) 더 짧은 길이를 어림한 사람 찾기

_____

답 _____

7

수 카드를 한 번씩만 사용하여 주경이가 말하는 길이를 만들어 보세요.

2 3 4

> 4 m 66 cm − 1 m 2 cm보다 긴 길이를 만들어 봐.

주경

(1단계) 4 m 66 cm − 1 m 2 cm 계산하기

4 m 66 cm − 1 m 2 cm

= ☐ m ☐ cm

(2단계) 주경이가 말하는 길이 만들기

☐ m ☐ ☐ cm

8 창의형

수 카드를 한 번씩만 사용하여 도율이가 말하는 길이를 만들어 보세요.

6 7 8

> 2 m 11 cm + 5 m 37 cm보다 긴 길이를 만들어 봐.

도율

(1단계) 2 m 11 cm + 5 m 37 cm 계산하기

2 m 11 cm + 5 m 37 cm

= ☐ m ☐ cm

(2단계) 도율이가 말하는 길이 만들기

☐ m ☐ ☐ cm

01 ☐ 안에 알맞게 써넣으세요.

$$100 \text{ cm} = 1 \boxed{}$$

02 길이를 바르게 읽어 보세요.

1 m 80 cm

읽기 1 ☐ 80 ☐

03 ☐ 안에 알맞은 수를 써넣으세요.

$$425 \text{ cm} = \boxed{} \text{ m} \boxed{} \text{ cm}$$

04 그림을 보고 ☐ 안에 알맞은 수를 써넣으세요.

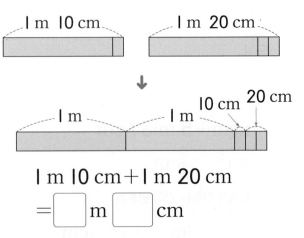

$$1 \text{ m } 10 \text{ cm} + 1 \text{ m } 20 \text{ cm}$$
$$= \boxed{} \text{ m} \boxed{} \text{ cm}$$

05 ☐ 안에 알맞은 수를 써넣으세요.

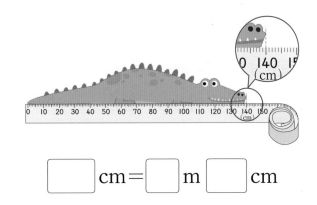

06 악어 인형의 길이를 두 가지 방법으로 나타내세요.

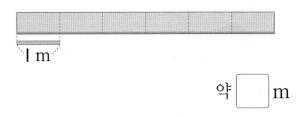

$$\boxed{} \text{ cm} = \boxed{} \text{ m} \boxed{} \text{ cm}$$

07 길이가 1 m인 끈으로 나무 막대의 길이를 어림하였습니다. 나무 막대의 길이는 약 몇 m일까요?

약 ☐ m

08 길이를 비교하여 ◯ 안에 > 또는 < 를 써넣으세요.

$$210 \text{ cm} \bigcirc 2 \text{ m } 1 \text{ cm}$$

09 길이의 합과 차를 구하세요.

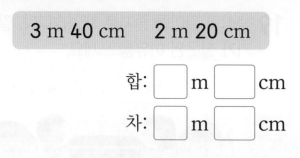

3 m 40 cm   2 m 20 cm

합: ☐ m ☐ cm

차: ☐ m ☐ cm

10 cm와 m 중 알맞은 단위를 이어 보세요.

(1) 색연필의 길이 •

                      • cm

(2) 기차의 길이 •

                      • m

(3) 한 뼘의 길이 •

11 알맞은 길이를 골라 문장을 완성해 보세요.

I m   3 m   I0 m   30 m

버스의 길이는 약 ☐ 입니다.

12 빈칸에 알맞은 길이는 몇 m 몇 cm인지 써넣으세요.

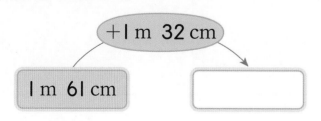

+I m 32 cm

I m 6I cm → ☐

13 깃발을 I m 간격으로 세웠습니다. 가장 앞에 있는 깃발과 가장 뒤에 있는 깃발 사이의 거리는 약 몇 m일까요?

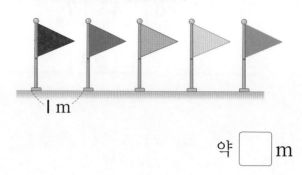

I m

약 ☐ m

14 길이가 I m보다 긴 것의 기호를 쓰세요.

㉠ 실내화의 길이
㉡ 아버지의 키
㉢ 연필과 지우개의 길이를 더한 길이

(   )

15 길이가 3 m 46 cm인 색 테이프를 두 도막으로 잘랐더니 한 도막의 길이가 I m I5 cm였습니다. 다른 한 도막의 길이는 몇 m 몇 cm일까요?

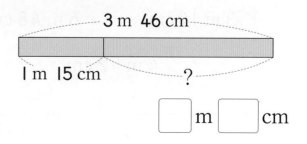

3 m 46 cm

I m I5 cm   ?

☐ m ☐ cm

16 주어진 수 카드 **3**장을 한 번씩만 사용하여 만들 수 있는 가장 짧은 길이를 쓰세요.

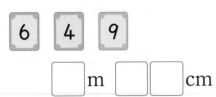

☐ m ☐☐ cm

17 연아의 두 걸음이 약 **1** m라면 줄넘기의 길이는 약 몇 m일까요?

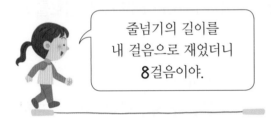

줄넘기의 길이를 내 걸음으로 재었더니 **8**걸음이야.

약 ☐ m

18 가장 긴 길이와 가장 짧은 길이의 차는 몇 m 몇 cm일까요?

3 m 14 cm   6 m 48 cm

4 m 72 cm

☐ m ☐ cm

19 책상의 길이를 줄자로 재었습니다. 길이 재기가 잘못된 이유를 쓰세요.

책상의 길이는 1 m 45 cm야.

이유

20 높이가 **5** m인 터널이 있습니다. 가와 나 트럭 중 터널을 지날 수 없는 트럭은 무엇인지 풀이 과정을 쓰고, 답을 구하세요.

가 트럭의 높이	나 트럭의 높이
612 cm	4 m 78 cm

풀이

답

아이들이 모아 놓은 할로윈 사탕을 누군가가 훔쳐 갔어요!
수진이가 아까 사탕을 들고 간 범인의 얼굴을 봤대요.
수진이가 쓴 설명을 보고 범인을 찾아보세요.

정답은 개념책 152쪽에서 확인하세요.

4

시각과 시간

학습을 끝낸 후
색칠하세요.

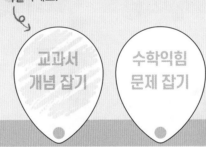

교과서
개념 잡기

수학익힘
문제 잡기

❶ 몇 시 몇 분 읽기(1)
❷ 몇 시 몇 분 읽기(2)
❸ 여러 가지 방법으로 시각 읽기

◉ 이전에 배운 내용

[1-2] 모양과 시각
몇 시 알아보기
몇 시 30분 알아보기

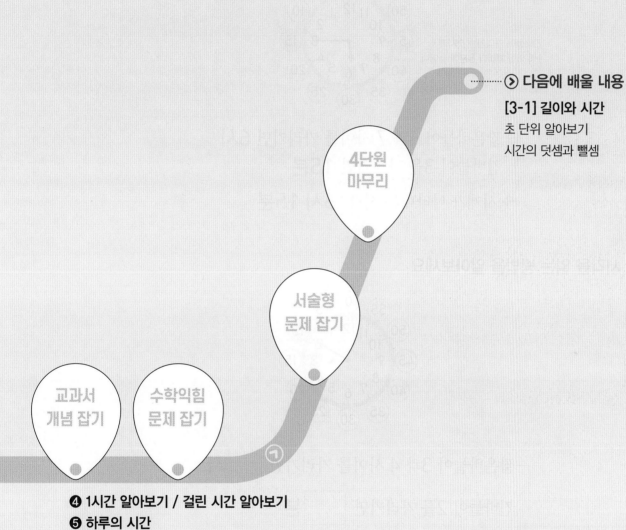

⊙ 다음에 배울 내용

[3-1] 길이와 시간
초 단위 알아보기
시간의 덧셈과 뺄셈

4단원
마무리

서술형
문제 잡기

교과서
개념 잡기

수학익힘
문제 잡기

❹ 1시간 알아보기 / 걸린 시간 알아보기
❺ 하루의 시간
❻ 달력 알아보기

STEP 1 교과서 개념 잡기

개념 강의

① 몇 시 몇 분 읽기(1)

5분 단위의 시각 읽기

시계의 긴바늘이 가리키는 숫자가 1이면 **5분**, 2이면 **10분**, 3이면 **15분**, ...을 나타냅니다.

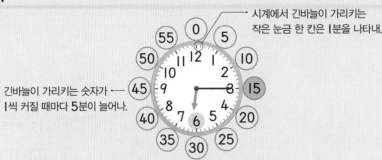

시계에서 긴바늘이 가리키는 작은 눈금 한 칸은 1분을 나타내.

긴바늘이 가리키는 숫자가 1씩 커질 때마다 5분이 늘어나.

┌ 짧은바늘이 6과 7 사이를 가리키면 6시
└ 긴바늘이 3을 가리키면 15분

→ 시계가 나타내는 시각: 6시 15분

개념 확인 1 시각을 읽는 방법을 알아보세요.

┌ 짧은바늘이 3과 4 사이를 가리키면 [ ]시
└ 긴바늘이 2를 가리키면 [ ]분

→ 시계가 나타내는 시각: [ ]시 [ ]분

---

2 시계의 긴바늘이 가리키는 숫자가 몇 분을 나타내는지 알맞게 써넣으세요.

숫자	1	2	3	4	5	6	7	8	9	10	11
분	5	10		20		30		40		50	

3 시계를 보고 몇 시 몇 분인지 쓰세요.

(1)

4시 ☐ 분

(2)

1시 ☐ 분

4 디지털 시계를 보고 몇 시 몇 분인지 쓰세요.

(1)

☐ 시 ☐ 분

(2)

☐ 시 ☐ 분

5 2시 25분을 바르게 나타낸 것에 ○표 하세요.

( ) ( ) ( )

6 시각에 맞게 긴바늘을 그려 넣으세요.

(1) 1시 50분

(2) 10시 35분

4. 시각과 시간 **083**

교과서 개념 잡기

개념 강의

② 몇 시 몇 분 읽기 (2)

1분 단위의 시각 읽기

시계의 긴바늘이 가리키는 작은 눈금 1칸은 **1분**을 나타냅니다.

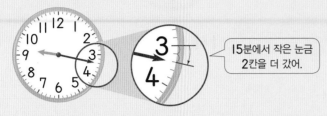

15분에서 작은 눈금 2칸을 더 갔어.

┌ 짧은바늘이 9와 10 사이를 가리키면 **9시**
└ 긴바늘이 3에서 작은 눈금 2칸을 더 간 곳을 가리키면 **17분**

┌ 15분+2분

→ 시계가 나타내는 시각: **9시 17분**

개념 확인 1 시각을 읽는 방법을 알아보세요.

┌ 짧은바늘이 10과 11 사이를 가리키면 [　]시

└ 긴바늘이 2에서 작은 눈금 4칸을 더 간 곳을 가리키면 [　]분

→ 시계가 나타내는 시각: [　]시 [　]분

2 시계를 보고 몇 분을 나타내는지 빈 곳에 써넣으세요.

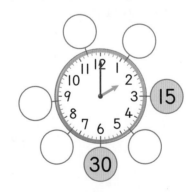

15

30

3 시계를 보고 몇 시 몇 분인지 쓰세요.

(1)

5시 　 분

(2)

11시 　 분

4 디지털 시계를 보고 몇 시 몇 분인지 쓰세요.

(1)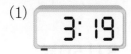

　시 　 분

(2)

　시 　 분

5 시각을 바르게 읽은 사람에 ○표 하세요.

6시 13분 　현우 　　 2시 32분 　미나

(　　) 　　　　　　　(　　)

6 시각에 맞게 긴바늘을 그려 넣으세요.

(1) 3시 31분

(2) 11시 54분

개념 강의

③ 여러 가지 방법으로 시각 읽기

몇 시 몇 분 전인지 알아보기

10분

- 시계가 나타내는 시각: **6시 50분**
- 10분 후에 **7시**가 됩니다.
- 7시가 되기 **10분** 전입니다.

> 6시 50분 = 7시 10분 전

개념 확인 1

여러 가지 방법으로 시계의 시각을 쓰세요.

□분

- 시계가 나타내는 시각: **3시 50분**
- 10분 후에 □ **시**가 됩니다.
- 4시가 되기 □ **분** 전입니다.

> 3시 50분 = □시 □분 전

---

2 시각을 두 가지 방법으로 읽어 보세요.

(1)

┌ 8시 □분
└ 9시 □분 전

(2)

┌ 6시 □분
└ 7시 □분 전

3 시각을 읽어 보세요.

(1)

　□시 □분 전

(2)

　□시 □분 전

4 같은 시각을 나타낸 것끼리 이어 보세요.

(1) ·　　· 2:50 ·　　· 3시 10분 전

(2) ·　　· 7:50 ·　　· 5시 5분 전

(3) ·　　· 4:55 ·　　· 8시 10분 전

5 규민이가 말하는 시각을 시계에 나타내세요.

2시　　　　　　　　　　　　2시 10분 전

2시 10분 전을
그려 봐야지.

규민

1 **몇 시 몇 분 읽기**(1) 개념 082쪽

01 시계를 보고 ☐ 안에 알맞은 수를 써넣으세요.

짧은바늘이 ☐ 과 ☐ 사이를 가리키고,

긴바늘이 ☐ 을 가리킵니다.

→ ☐ 시 ☐ 분

02 시계를 보고 몇 시 몇 분인지 쓰세요.

☐ 시 ☐ 분

03 디지털시계를 보고 시각이 같도록 긴바늘을 그려 넣으세요.

04 다음 시각을 시계에 나타내려면 긴바늘이 어떤 숫자를 가리키도록 그려야 할까요?

3시 55분

( )

05 주원이가 7시 10분을 시계에 잘못 나타내었습니다. 시계의 긴바늘을 바르게 그려 보세요.

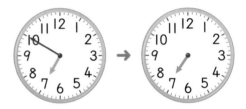

06 읽은 시각이 맞으면 →, 틀리면 ↓로 가서 만나는 과일의 이름을 쓰세요.

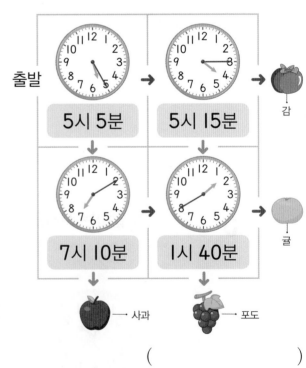

( )

07 설명을 보고 몇 시 몇 분인지 쓰세요.

> • 짧은바늘은 **6**과 **7** 사이를 가리키고 있습니다.
> • 긴바늘은 **9**를 가리키고 있습니다.

⬜ 시 ⬜ 분

② **몇 시 몇 분 읽기**(2)　개념 084쪽

08 시계를 보고 ⬜ 안에 알맞은 수를 써넣으세요.

짧은바늘이 **2**와 **3** 사이를 가리키고,

긴바늘은 ⬜ 에서 작은 눈금 ⬜ 칸

을 더 간 곳을 가리킵니다.

→ ⬜ 시 ⬜ 분

09 같은 시각을 나타낸 것끼리 이어 보세요.

(1) ⬤ · · `6:24`

(2) ⬤ · · `7:52`

(3) ⬤ · · `5:17`

10 은우는 **7**시 **48**분에 운동을 끝냈습니다. 은우가 운동을 끝낸 시각을 나타내는 시계에 ○표 하세요.

(　)　　(　)

11 시각에 맞게 긴바늘을 그려 넣으세요.

12 시계를 보고 바르게 말한 친구의 이름을 쓰세요.

> 주아: 긴바늘이 **2**에서 작은 눈금 **4**칸 을 더 간 곳을 가리키고 있으므로 **14**분이야.
> 서유: 짧은바늘이 **2**와 **3** 사이를 가리키고 있으므로 **3**시야.

(　 　)

13 민아와 주호가 놀이터에 도착한 시각입니다. 누가 더 빨리 도착했는지 쓰세요.

민아   주호

(   )

14 서연이가 9시 33분을 시계에 잘못 나타내었습니다. 시계의 긴바늘을 바르게 그려 보세요.

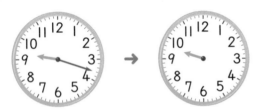

교과역량 쿡! 의사소통

15 그림을 보고 준서가 몇 시 몇 분에 왔는지 이야기해 보세요.

준서가 ☐ 시 ☐ 분에 집에 도착하였습니다.

---

3 여러 가지 방법으로 시각 읽기   개념 086쪽

16 시계를 보고 ☐ 안에 알맞은 수를 써넣으세요.

5시가 되려면 ☐ 분이 더 지나야 합니다.

→ ☐ 시 ☐ 분 전

17 ☐ 안에 알맞은 수를 써넣으세요.

(1) 8시 50분은 9시 ☐ 분 전입니다.

(2) 12시 5분 전은 ☐ 시 55분입니다.

18 시계를 보고 시각을 바르게 읽은 것을 모두 찾아 색칠하세요.

5시 55분	6시 55분
6시 11분	6시 5분 전

19 시각에 맞게 긴바늘을 그려 보세요.

(1) | 1시 10분 전 |

(2) | 9시 5분 전 |

20 시계가 나타내는 시각에서 10분 전의 시각을 쓰세요.

10분 전 → ☐시 ☐분

21 지호와 서아는 2시에 만나기로 했습니다. 서아는 약속 시간이 되기 10분 전에 약속 장소에 도착했습니다. 서아가 약속 장소에 도착한 시각은 몇 시 몇 분인지 쓰세요.

☐시 ☐분

22 글을 읽고 ☐ 안에 알맞은 수를 써넣으세요.

집에 와서 태권도 옷으로 갈아입으니

☐시 ☐분 전이네.

태권도 학원을 가려면 서둘러야지!

교과역량 콕! 의사소통 | 연결

23 시계를 보고 ☐ 안에 알맞은 수를 써넣으세요.

(1)

벌써 2시 55분인가?

아니야! 2시 ☐분 전이야.

(2)

벌써 12시 5분 전인가?

아니야! 11시 ☐분이야.

교과서 개념 잡기

개념 강의

4 1시간 알아보기 / 걸린 시간 알아보기

1시간은 몇 분인지 알아보기

시계의 긴바늘이 한 바퀴 도는 데 걸린 시간은 **60분**입니다.

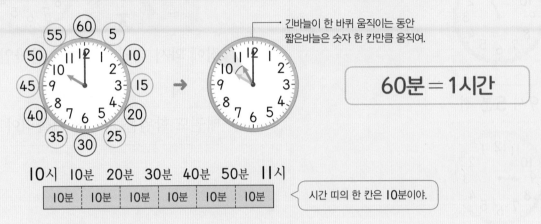

긴바늘이 한 바퀴 움직이는 동안 짧은바늘은 숫자 한 칸만큼 움직여.

60분 = 1시간

10시 10분 20분 30분 40분 50분 11시

10분	10분	10분	10분	10분	10분

시간 띠의 한 칸은 10분이야.

3시부터 4시 20분까지 걸린 시간 알아보기

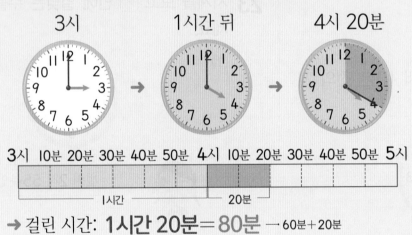

3시 10분 20분 30분 40분 50분 4시 10분 20분 30분 40분 50분 5시

1시간 / 20분

→ 걸린 시간: **1시간 20분 = 80분** ─ 60분 + 20분

개념 확인 **1**

4시부터 5시 40분까지 걸린 시간을 알아보세요.

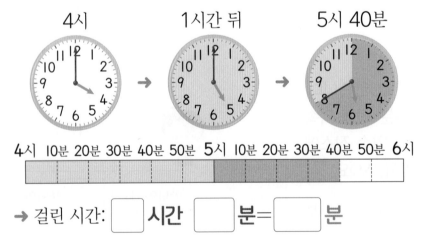

4시 10분 20분 30분 40분 50분 5시 10분 20분 30분 40분 50분 6시

→ 걸린 시간: ☐ 시간 ☐ 분 = ☐ 분

2 민정이가 책을 읽는 데 걸린 시간을 보고 ☐ 안에 알맞은 수를 써넣으세요.

시작한 시각	끝난 시각

민정이가 책을 읽는 데 걸린 시간은 ☐ 분= ☐ 시간입니다.

3 ☐ 안에 알맞은 수를 써넣으세요.

(1) 1시간= ☐ 분

(2) 1시간 50분= ☐ 분

(3) 70분= ☐ 시간 ☐ 분

(4) 90분= ☐ 시간 ☐ 분

4 걸린 시간이 1시간이 넘는 활동에 색칠해 보세요.

과자 만들기 9:00~9:50	그림 그리기 11:00~12:10	딸기 따기 3:00~3:55

5 우진이가 등산하는 데 걸린 시간을 구하세요.

시작한 시각	끝난 시각

(1) 시작한 시각과 끝난 시각을 보고 시간 띠에 색칠해 보세요.

5시 10분 20분 30분 40분 50분 6시 10분 20분 30분 40분 50분 7시

(2) 우진이가 등산을 하는 데 걸린 시간은 ☐ 시간 ☐ 분= ☐ 분입니다.

교과서 개념 잡기

개념 강의

5 하루의 시간

오전과 오후 알아보기

- **오전**: 전날 밤 12시부터 낮 12시까지 ── 아침, 새벽 등으로 나타낼 수 있어.
- **오후**: 낮 12시부터 밤 12시까지 ── 낮, 밤, 저녁 등으로 나타낼 수 있어.
- 하루는 **24시간**입니다.

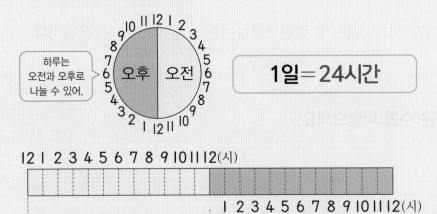

개념 확인 1

☐ 안에 알맞은 수나 말을 써넣으세요.

- ☐ : 전날 밤 12시부터 낮 12시까지

- ☐ : 낮 12시부터 밤 12시까지

- 하루는 ☐ 시간입니다.

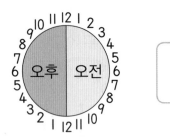

1일 = ☐ 시간

---

2 오전과 오후 중 알맞은 것에 ○표 하세요.

(1) 아침 8시

(오전 , 오후)

(2) 낮 2시

(오전 , 오후)

3 희재가 생활 계획표를 만들고 시간 띠로 나타낸 것입니다. 물음에 답하세요.

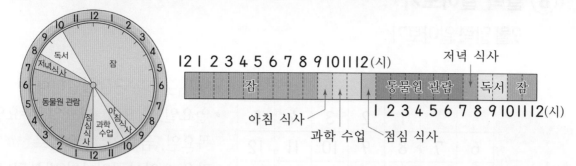

(1) 빈칸에 알맞게 써넣으세요.

하는 일	아침 식사	과학 수업	점심 식사	동물원 관람	저녁 식사	독서	잠
걸리는 시간	1시간	2시간			1시간		11시간

(2) 오후에 하려고 계획한 일에 모두 ○표 하세요.

> 아침 식사   과학 수업   점심 식사
>
> 동물원 관람   저녁 식사   독서

4 ☐ 안에 알맞은 수를 써넣으세요.

(1) 2일 = ☐ 시간

(2) 72시간 = ☐ 일

5 주환이가 놀이터에 있었던 시간을 시간 띠에 색칠하고, 몇 시간인지 구하세요.

> 놀이터에 들어간 시각
> 오전 11:00
>
> →
>
> 놀이터에서 나온 시각
> 오후 2:00

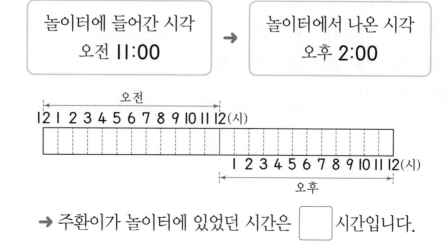

→ 주환이가 놀이터에 있었던 시간은 ☐ 시간입니다.

개념 강의

⑥ 달력 알아보기

9월 달력 알아보기

9월

일	월	화	수	목	금	토
		1	2	3	4	5
6	7	8	9	10	11	12
13	14	15	16	17	18	19
20	21	22	23	24	25	26
27	28	29	30			

+7 +7 +7

• 9월은 모두 **30일**입니다.
• 일요일, 월요일, 화요일, 수요일, 목요일, 금요일, 토요일로 같은 요일이 7일마다 반복됩니다.

1주일＝7일

1년 알아보기

1년은 1월부터 12월까지 있습니다. 각 월의 날수는 다음과 같습니다.

1년＝12개월

월	1	2	3	4	5	6	7	8	9	10	11	12
날수(일)	31	28 (29)	31	30	31	30	31	31	30	31	30	31

└─ 2월은 4년에 한 번씩 29일이 돼.

개념 확인 1 10월의 달력을 알아보세요.

10월

일	월	화	수	목	금	토
1	2	3	4	5	6	7
8	9	10	11	12	13	14
15	16	17	18	19	20	21
22	23	24	25	26	27	28
29	30	31				

• 10월은 모두 ☐ **일**입니다.
• 같은 요일은 ☐ 일마다 반복됩니다.

2 □ 안에 알맞은 수를 써넣으세요.

(1) **3**주일＝□ 일

(2) **17**일＝□ 주일 □ 일

(3) **2**년＝□ 개월

(4) **16**개월＝□ 년 □ 개월

3 어느 해의 **6**월 달력을 보고 □ 안에 알맞은 수나 말을 써넣으세요.

6월

일	월	화	수	목	금	토
				1	2	3
4	5	6	7	8	9	10
11	12	13	14	15	16	17
18	19	20	21	22	23	24
25	26	27	28	29	30	

(1) 수요일은 모두 □ 번 있습니다.

(2) **6**월 **6**일 현충일은 □ 요일입니다.

4 각 월의 날수를 쉽게 알 수 있는 방법입니다. 물음에 답하세요.

주먹을 쥐고 숫자를 세었을 때 위로 올라온 부분은 **31**일, 내려간 부분은 **30**일 또는 **28**일까지 있는 달이야.

(1) 각 월은 며칠인지 빈칸에 알맞은 수를 써넣으세요.

월	1	2	3	4	5	6	7	8	9	10	11	12
날수(일)	31	28	31	30	31			31		31	30	

(2) 날수가 **30**일인 월을 모두 찾아보세요.

□ 월, □ 월, □ 월, □ 월

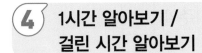

4 **1시간 알아보기 /**
걸린 시간 알아보기

개념 092쪽

01 희연이가 줄넘기를 하는 데 걸린 시간은
몇 시간일까요?

시작한 시각	끝난 시각
4:20	5:20

( )

02 세호는 피아노 연습을 1시간 동안 했습니
다. 피아노 연습을 하기 시작한 시각을 보
고 끝난 시각을 나타내세요.

시작한 시각   끝난 시각

03 걸린 시간이 같은 것끼리 이어 보세요.

(1) 점심 먹기
12:00~12:50 · · 1시간 10분

(2) 체육 수업
2:00~2:45 · · 50분

(3) 책 읽기
7:30~8:40 · · 45분

[04~05] 기차를 타고 이동하는 데 걸린 시간을
구하세요.

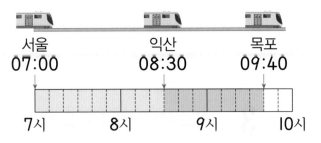

서울   익산   목포
07:00   08:30   09:40

7시   8시   9시   10시

04 서울에서 익산까지 걸린 시간을 구하세요.

☐ 시간 ☐ 분 = ☐ 분

05 익산에서 목포까지 걸린 시간을 구하세요.

☐ 시간 ☐ 분 = ☐ 분

교과역량 쏙! 문제해결 | 정보처리

06 멈춘 시계를 현재 시각으로 맞추려고 합니
다. 긴바늘을 몇 바퀴 돌리면 되는지 구하
세요.

멈춘 시계   현재 시각
         5:30

( )

07 서연이는 1시부터 쉬지 않고 30분씩 2가지 직업을 체험했습니다. 직업 체험이 끝난 시각은 몇 시인지 구하세요.

(   )

08 주연이는 친구들과 함께 1시간 동안 쓰레기를 줍기로 했습니다. 시계를 보고 몇 분 더 주워야 하는지 구하세요.

시작한 시각	끝난 시각

더 주워야 하는 시간: ☐ 분

 문제해결

09 민우가 공연장에서 보낸 시간을 시간 띠에 색칠하고, 몇 시간 몇 분인지 구하세요.

공연시간표
1부: 5:00~5:50
쉬는 시간: 10분
2부: 6:00~6:50

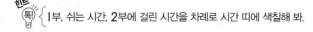

공연장에서 보낸 시간은

☐ 시간 ☐ 분입니다.

힌트 톡톡 1부, 쉬는 시간, 2부에 걸린 시간을 차례로 시간 띠에 색칠해 봐.

---

5   **하루의 시간**   개념 094쪽

10 ☐ 안에 알맞은 수를 써넣으세요.

(1) 1일 2시간 = ☐ 시간

(2) 50시간 = ☐ 일 ☐ 시간

11 유미가 수영장에 있었던 시간을 시간 띠에 색칠해 보고, 몇 시간인지 구하세요.

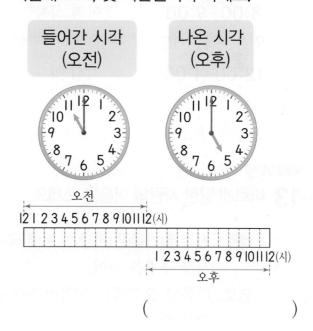

(   )

12 지성이가 딸기 따기 체험을 오전 10시에 시작해서 3시간 동안 체험을 했습니다. 지성이가 딸기 따기 체험을 마친 시각을 구하세요.

(오전 , 오후) ☐ 시

[13~14] 진주네 가족의 1박 2일 가족 여행 일정표를 보고 물음에 답하세요.

첫날

시간	일정
8:00~10:40	부산으로 이동
10:40~12:00	태종대 구경하기
12:00~1:00	점심 식사
1:00~3:30	국제시장 구경하기
⋮	⋮

다음날

시간	일정
8:00~9:00	아침 식사
9:00~12:00	해양박물관 관람
12:00~1:00	점심 식사
⋮	⋮
5:20~8:00	집으로 이동

교과역량 콕! 의사소통

13 바르게 말한 사람의 이름을 쓰세요.

> 혜주: 진주네 가족은 첫날 오전에 국제
> 시장 구경을 했어.
> 영호: 다음날 오전에는 해양박물관 관
> 람을 했어.

( )

교과역량 콕! 문제해결

14 진주네 가족이 여행하는 데 걸린 시간은 몇 시간일까요?

[ ] 시간

 힌트 톡! 첫날 출발한 시각부터 다음날 도착한 시각까지 걸린 시간을 구해 봐.

---

6 달력 알아보기

개념 096쪽

15 날수가 가장 적은 월에 ○표 하세요.

9월   2월   12월

( )   ( )   ( )

교과역량 콕! 문제해결 | 추론

[16~17] 어느 해의 8월 달력을 보고 물음에 답하세요.

8월

일	월	화	수	목	금	토
				3	4	5
6	7	8		10		
13		15	16	17	18	19
20	21		23		25	
	28	29		31		

16 날수에 알맞게 수를 써넣어 달력을 완성해 보세요.

17 대화를 읽고 여행 가는 날을 찾아 달력에 ○표 하세요.

 미나
> 준호야, 첫째 수요일에 여행 가니?

 준호
> 아니야. 부모님께서 둘째 화요일에 간다고 하셨어.

18 날수가 같은 월끼리 짝 지은 것에 모두 ○표 하세요.

4월, 6월	1월, 9월
( )	( )

2월, 10월	5월, 8월
( )	( )

[19~20] 어느 해의 4월 달력을 보고 물음에 답하세요.

4월

일	월	화	수	목	금	토
			1	2	3	4
5	6	7	8	9	10	11
12	13	14	15	16	17	18
19	20	21	22	23	24	25
26	27	28	29	30	유림이 생일	

19 예준이의 생일은 유림이의 생일 2주일 전입니다. 예준이의 생일을 쓰세요.

☐ 월 ☐ 일

20 민채의 생일은 유림이의 생일 1주일 후입니다. 민채의 생일을 쓰세요.

☐ 월 ☐ 일

[21~23] 지아의 계획표와 11월의 달력을 보고 물음에 답하세요.

지아의 그림 그리기 대회 준비 계획
① 11월 셋째 일요일 그림 그리기 대회
② 대회 전까지 매주 금요일에 그림 그리기 연습하기
③ 대회 1주일 후 대회 결과 발표

11월

일	월	화	수	목	금	토
				1	2	3
4	5	6	7	8	9	10
11	12	13	14	15	16	17
18	19	20	21	22	23	24
25	26	27	28	29	30	

21 지아의 그림 그리기 대회는 몇 월 며칠인가요?

☐ 월 ☐ 일

22 11월에 그림 그리기 연습을 하는 날은 모두 며칠일까요?

☐ 일

23 지아가 그림 그리기 대회 결과를 알게 되는 날은 몇 월 며칠 무슨 요일인가요?

☐ 월 ☐ 일 ☐ 요일

STEP 3 서술형 문제 잡기

1

연서가 시각을 잘못 읽은 이유를 쓰세요.

긴바늘이 5를 가리키고 있으므로 8시 5분이야.

연서

(이유) 시계가 몇 분을 나타내는지 쓰기

긴바늘이 5를 가리키면 □ 분이기 때문입니다.

2

리아가 시각을 잘못 읽은 이유를 쓰세요.

긴바늘이 8을 가리키고 있으므로 3시 8분이야.

리아

(이유) 시계가 몇 분을 나타내는지 쓰기

_____

_____

3

대화를 읽고 **더 일찍 일어난 사람**은 누구인지 풀이 과정을 쓰고, 답을 구하세요.

주경

나는 오늘 아침 7시 40분에 일어났어.

준호

나는 오늘 아침 8시 15분 전에 일어났어.

(1단계) 준호가 일어난 시각을 몇 시 몇 분으로 나타내기

준호가 일어난 시각은 □ 시 □ 분으로 나타낼 수 있습니다.

(2단계) 더 일찍 일어난 사람은 누구인지 구하기

따라서 더 일찍 일어난 사람은 □ 입니다.

(답) _____

4

대화를 읽고 **더 늦게 잔 사람**은 누구인지 풀이 과정을 쓰고, 답을 구하세요.

미나

나는 어제 밤 10시 10분 전에 잤어.

도율

나는 어제 밤 9시 45분에 잤어.

(1단계) 미나가 잔 시각을 몇 시 몇 분으로 나타내기

_____

(2단계) 더 늦게 잔 사람은 누구인지 구하기

_____

(답) _____

5

현민이와 은영이가 책을 읽기 시작한 시각과 끝난 시각입니다. **책을 더 오래 읽은 사람**은 누구인지 풀이 과정을 쓰고, 답을 구하세요.

	시작한 시각	끝난 시각
현민	7:10	8:00
은영	7:40	8:20

〔1단계〕 현민이와 은영이가 책을 읽은 시간 각각 구하기

현민이가 책을 읽은 시간은 [ ] 분이고,

은영이가 책을 읽은 시간은 [ ] 분입니다.

〔2단계〕 책을 더 오래 읽은 사람 찾기

[ ] 분> [ ] 분이므로 책을 더 오래 읽은

사람은 [ ] 입니다.

답 _____

6

재희와 선호가 운동을 시작한 시각과 끝난 시각입니다. **운동을 더 오래 한 사람**은 누구인지 풀이 과정을 쓰고, 답을 구하세요.

	시작한 시각	끝난 시각
재희	9:30	10:10
선호	9:50	10:20

〔1단계〕 재희와 선호가 운동을 한 시간 각각 구하기

_____

_____

〔2단계〕 운동을 더 오래 한 사람 찾기

_____

_____

답 _____

7

시계에 나타낸 시각을 보고 **학교에서 한 일**을 이야기해 보세요.

〔이야기〕 몇 시 몇 분을 넣어 학교에서 한 일 이야기하기

[ ] 시 [ ] 분에 학교 운동장에서 축구를 했어.

8 창의형

시계에 시각을 나타내고, **집에서 한 일**을 이야기해 보세요.

〔이야기〕 몇 시 몇 분을 넣어 집에서 한 일 이야기하기

_____

_____

01 시계에 대한 설명입니다. 알맞은 말에 ○표 하세요.

> 시계에서 긴바늘이 가리키는 작은 눈금 한 칸은 1(시간 , 분)을 나타냅니다.

02 시계의 긴바늘이 가리키는 숫자와 나타내는 분을 알맞게 써넣으세요.

숫자	1		7		11
분	5	20		40	

03 시계를 보고 몇 시 몇 분인지 쓰세요.

□시 □분

04 오전과 오후 중 알맞은 것에 ○표 하세요.

아침 10시   (오전 , 오후)

05 같은 시각을 나타내는 것끼리 이어 보세요.

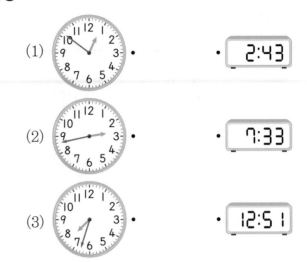

(1) •

(2) •

(3) •

• 2:43

• 7:33

• 12:51

06 시각에 맞게 긴바늘을 그려 넣으세요.

1시 28분

07 시각을 읽어 보세요.

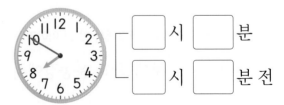

□시 □분

□시 □분 전

08 ☐ 안에 알맞은 수를 써넣으세요.

28일은 ☐ 주일입니다.

[09~10] 어제 오후에 명수가 숙제를 하는 데 걸린 시간을 구하려고 합니다. 물음에 답하세요.

시작한 시각 → 끝난 시각

09 명수가 숙제를 하는 데 걸린 시간을 시간 띠에 색칠해 보세요.

3시 10분 20분 30분 40분 50분 4시 10분 20분 30분 40분 50분 5시

10 명수가 숙제를 하는 데 걸린 시간을 구하세요.

☐ 시간 ☐ 분

11 더 긴 시간을 나타내는 것의 기호를 쓰세요.

㉠ 80분   ㉡ 1시간 10분

(   )

[12~14] 어느 해의 7월 달력을 보고 물음에 답하세요.

7월

일	월	화	수	목	금	토
		1	2	3	4	5
6	7	8	9	10	11	12
13	14	15	16	17	18	19
20	21	22	23	24	25	26
27	28	29	30	31		

12 금요일인 날짜를 모두 쓰세요.

☐ 일, ☐ 일, ☐ 일, ☐ 일

13 7월 24일은 무슨 요일인가요?

☐ 요일

14 7월 30일부터 1주일 후는 몇 월 며칠일까요?

☐ 월 ☐ 일

15 수정이는 어제 놀이공원에 오전 11시부터 오후 3시까지 있었습니다. 수정이가 놀이공원에 있었던 시간은 몇 시간일까요?

☐ 시간

16 어느 공연이 12시 10분 전에 시작한다고 합니다. 공연이 시작되는 시각을 시계에 나타내고, 시각을 쓰세요.

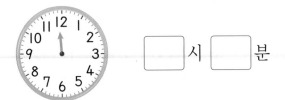

☐시 ☐분

17 시계가 멈춰서 현재 시각으로 맞추려고 합니다. 긴바늘을 몇 바퀴 돌리면 되는지 구하세요.

멈춘 시계	현재 시각

10:30

( )

18 어제 오후에 성준이가 본 영화는 1시 10분에 시작해서 2시 40분에 끝났습니다. 영화를 본 시간은 몇 분일까요?

☐분

19 대화를 읽고 더 늦게 일어난 사람은 누구인지 풀이 과정을 쓰고, 답을 구하세요.

현우: 나는 오늘 아침 7시 50분에 일어났어.

규민: 나는 오늘 아침 8시 5분 전에 일어났어.

풀이 _____

_____

답 _____

20 태주와 지안이가 그림을 그리기 시작한 시각과 끝난 시각입니다. 그림을 더 오래 그린 사람은 누구인지 풀이 과정을 쓰고, 답을 구하세요.

	시작한 시각	끝난 시각
태주	2:20	3:00
지안	2:50	3:40

풀이 _____

_____

답 _____

소영이는 보물을 찾아 떠나는 꿈을 꾸었어요.
아래와 같이 꿈 속 모험의 기억이 뒤죽박죽 섞여 있어요.
일이 일어난 순서에 맞게 차례로 번호를 써 봐요.

4 → ☐ → ☐ → ☐ → ☐ → ☐

정답은 개념책 152쪽에서 확인하세요.

5

표와 그래프

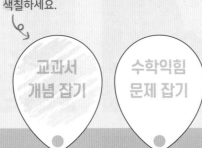

학습을 끝낸 후
색칠하세요.

교과서
개념 잡기

수학익힘
문제 잡기

❶ 자료를 분류하여 표로 나타내기
❷ 자료를 분류하여 그래프로 나타내기
❸ 표와 그래프를 보고 알 수 있는 내용

⊙ 이전에 배운 내용

[2-1] 분류하기
기준에 따라 분류하기
기준에 따라 분류한 결과 말하기

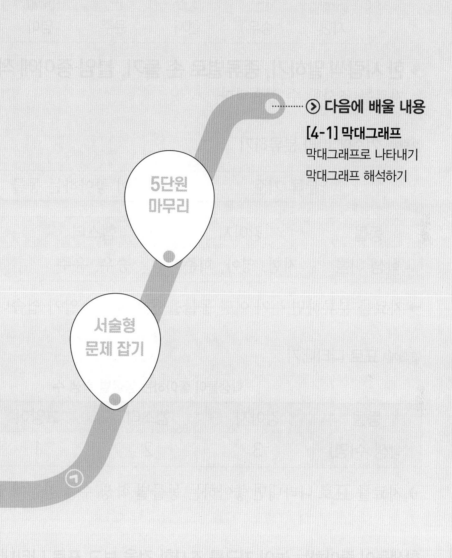

5단원 마무리

서술형 문제 잡기

ⓒ 다음에 배울 내용

[4-1] 막대그래프
막대그래프로 나타내기
막대그래프 해석하기

교과서 **개념 잡기**

개념 강의

① 자료를 분류하여 표로 나타내기

학생들이 좋아하는 동물을 조사하여 표로 나타내기

1단계 자료 조사하기

지현	승우	현지	윤주	영아	희준

→ **한 사람씩 말하기, 종류별로 손 들기, 붙임 종이에 적기** 등의 방법으로 자료를 조사할 수 있습니다.

2단계 기준에 따라 분류하기

분류 기준	학생들이 좋아하는 동물

동물	강아지	햄스터	고양이
학생 이름	지현, 영아, 희준	승우, 윤주	현지

→ 자료를 분류하면 누가 어떤 동물을 좋아하는지 알기 쉽습니다.

3단계 표로 나타내기

학생들이 좋아하는 동물별 학생 수

전체 학생 수

동물	강아지	햄스터	고양이	합계
학생 수(명)	3	2	1	6

→ 자료를 **표**로 나타내면 좋아하는 동물별 학생 수를 한눈에 알아보기 쉽습니다.

개념 확인 **1** 학생들이 좋아하는 놀이 기구를 조사한 것을 보고 표로 나타내세요.

바이킹 범퍼카 회전목마

학생들이 좋아하는 놀이 기구별 학생 수

놀이 기구	바이킹	범퍼카	회전목마	합계
학생 수(명)	2			7

2 자료를 조사하여 표로 나타내려고 합니다. 순서대로 기호를 쓰세요.

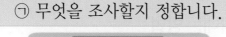
⊙ 무엇을 조사할지 정합니다.

ⓒ 자료를 조사합니다.

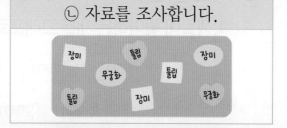

ⓒ 표로 나타냅니다.

ⓔ 조사할 방법을 정합니다.

⊙ → ☐ → ☐ → ☐

3 재호네 반 학생들이 좋아하는 과일을 조사하였습니다. 물음에 답하세요.

┌ 사과	┌ 귤	┌ 포도	┌ 배	
재호	연아	호주	수진	정훈
태주	다빈	도형	윤선	민호

(1) 재호는 어떤 과일을 좋아하나요?

(   )

(2) 재호네 반 학생은 모두 몇 명인가요?

(   )

(3) 자료를 보고 표로 나타내세요.

재호네 반 학생들이 좋아하는 과일별 학생 수

과일	사과	귤	포도	배	합계
학생 수(명)	3	4			10

교과서 개념 잡기

개념 강의

② 자료를 분류하여 그래프로 나타내기

학생들이 좋아하는 새를 그래프로 나타내는 방법

| 까치 | 갈매기 | 독수리 | 까치 | 까치 | 독수리 |

| 독수리 | 갈매기 | 제비 | 갈매기 | 독수리 |

① 조사한 자료를 살펴봅니다.

→ 까치: 3명, 갈매기: 3명, 독수리: 4명, 제비: 1명

② 가로와 세로에 무엇을 쓸지 정합니다.

③ 가로와 세로를 각각 몇 칸으로 할지 정합니다.

④ 좋아하는 새별 학생 수를 ○를 이용하여 나타냅니다.

학생들이 좋아하는 새별 학생 수

가장 많은 자료의 수를 나타낼 수 있도록 칸수를 정해야 해.

맨 아래 칸부터 빠짐없이 채워. ○ 대신 ×, / 등을 이용할 수도 있어.

그래프의 세로에 학생 수를 나타냈어.

학생 수(명) \ 새	까치	갈매기	독수리	제비
4			○	
3	○	○	○	
2	○	○	○	
1	○	○	○	○

개념 확인 1

학생들이 좋아하는 운동을 살펴보고, ○를 이용하여 그래프로 나타내세요.

| 농구 | 야구 | 축구 | 축구 | 수영 |

| 축구 | 수영 | 농구 | 축구 | 수영 |

→ 농구: 2명, 야구: ☐명, 축구: ☐명, 수영: 3명

학생들이 좋아하는 운동별 학생 수

학생 수(명) \ 운동	농구	야구	축구	수영
4				
3				○
2	○			○
1	○			○

2 윤지네 반 학생들이 가 보고 싶은 체험 학습 장소를 조사하여 표로 나타냈습니다. 표를 보고 /을 이용하여 그래프로 나타내세요.

학생들이 가 보고 싶은 체험 학습 장소별 학생 수

장소	산	놀이공원	박물관	유적지	합계
학생 수(명)	3	6	4	2	15

학생들이 가 보고 싶은 체험 학습 장소별 학생 수

6				
5				
4				
3	/			
2	/			
1	/			
학생 수(명) / 장소	산	놀이공원	박물관	유적지

3 현민이네 반 학생들이 좋아하는 악기를 조사하여 표로 나타냈습니다. 표를 보고 ×를 이용하여 그래프로 나타내세요.

학생들이 좋아하는 악기별 학생 수

악기	피아노	플루트	기타	바이올린	탬버린	합계
학생 수(명)	6	2	4	3	5	20

학생들이 좋아하는 악기별 학생 수

탬버린						
바이올린						
기타						
플루트						
피아노	×	×	×	×	×	×
악기 / 학생 수(명)	1	2	3	4	5	6

교과서 개념 잡기

③ 표와 그래프를 보고 알 수 있는 내용

표를 보고 알 수 있는 내용

학생들이 좋아하는 간식별 학생 수

간식	김밥	피자	떡볶이	합계
학생 수(명)	2	4	3	9

> 자료의 전체 수와 종류별 수를 쉽게 알 수 있어.

• 조사한 **전체 학생 수**: **9**명 — 합계에 나타낸 수
• **김밥**을 좋아하는 학생 수: **2**명

그래프를 보고 알 수 있는 내용

학생들이 좋아하는 간식별 학생 수

4		◯	
3		◯	◯
2	◯	◯	◯
1	◯	◯	◯
학생 수(명) / 간식	김밥	피자	떡볶이

> 종류별 수가 많고 적은 것을 비교하기 쉬워.

• **가장 많은 학생**들이 좋아하는 간식: **피자**
• **가장 적은 학생**들이 좋아하는 간식: **김밥**

개념 확인 1

학생들이 좋아하는 채소를 조사하여 나타낸 표를 보고 알 수 있는 내용을 찾아보세요.

학생들이 좋아하는 채소별 학생 수

채소	오이	감자	당근	합계
학생 수(명)	4	1	3	8

• 조사한 **전체 학생 수**: ☐ 명

• **당근**을 좋아하는 학생 수: ☐ 명

• **가장 적은 학생**들이 좋아하는 채소: ☐

[2~4] 승훈이네 반 학생들이 궁금한 나라를 조사하였습니다. 물음에 답하세요.

이름	나라	이름	나라	이름	나라	이름	나라	이름	나라	이름	나라
승훈	이집트	도경	미국	지민	일본	영훈	일본	다예	미국	준영	영국
새미	미국	지우	프랑스	선영	프랑스	진수	미국	소라	이집트	주비	프랑스

2 조사한 자료를 보고 표로 나타내세요.

승훈이네 반 학생들이 궁금한 나라별 학생 수

나라	이집트	미국	일본	영국	프랑스	합계
학생 수(명)						

3 2의 표를 보고 ○를 이용하여 그래프로 나타내세요.

승훈이네 반 학생들이 궁금한 나라별 학생 수

학생 수(명) / 나라	이집트	미국	일본	영국	프랑스
4					
3					
2					
1					

4 표와 그래프를 보고 승훈이네 반 학생들의 의견을 선생님께 전해 보세요.

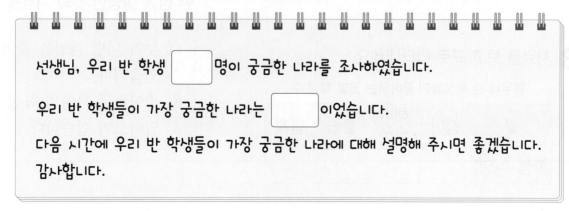

선생님, 우리 반 학생 [ ]명이 궁금한 나라를 조사하였습니다.

우리 반 학생들이 가장 궁금한 나라는 [ ]이었습니다.

다음 시간에 우리 반 학생들이 가장 궁금한 나라에 대해 설명해 주시면 좋겠습니다.
감사합니다.

① 자료를 분류하여 표로 나타내기 개념 110쪽

[01~03] 동우네 반 학생들이 좋아하는 꽃을 조사하였습니다. 물음에 답하세요.

동우 (장미)	수진	가람 (해바라기)	채원 (튤립)
예은	재석	용빈	현서
민아	채윤	석호	재현

01 동우네 반 학생들이 좋아하는 꽃의 종류는 몇 가지인가요?

( )

02 동우네 반 학생들이 좋아하는 꽃별로 분류하여 학생들의 이름을 쓰세요.

장미	해바라기	튤립
동우, 수진, 재현	가람,	채원,

03 자료를 보고 표로 나타내세요.

동우네 반 학생들이 좋아하는 꽃별 학생 수

꽃	장미	해바라기	튤립	합계
학생 수(명)				

[04~06] 민서네 반 학생들이 좋아하는 과일 그림 카드를 분류하여 칠판에 붙였습니다. 물음에 답하세요.

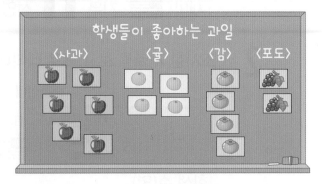

04 민서네 반 학생은 모두 몇 명인가요?

( )

05 자료를 보고 표로 나타내세요.

민서네 반 학생들이 좋아하는 과일별 학생 수

과일	사과	귤	감	포도	합계
학생 수(명)					

06 위 **05**와 같이 자료를 표로 나타내면 편리한 점을 설명한 것의 기호를 쓰세요.

> ㉠ 누가 어떤 과일을 좋아하는지 알기 쉽습니다.
> ㉡ 좋아하는 과일별 학생 수를 한눈에 알아보기 쉽습니다.

( )

07 다음 조각을 사용하여 모양을 만들었습니다. 사용한 조각 수를 표로 나타내고, 가장 많이 사용한 조각을 찾아 기호를 쓰세요.

모양을 만드는 데 사용한 조각 수

조각	㉠	㉡	㉢	㉣	합계
조각 수(개)					

(   )

교과역량 쏙! 의사소통 | 정보처리

08 현우네 모둠이 가지고 있는 연결 모형입니다. 물음에 답하세요.

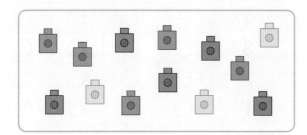

(1) 표로 나타내세요.

현우네 모둠이 가지고 있는 색깔별 연결 모형 수

색깔	빨간색	노란색	보라색	합계
연결 모형 수(개)				

(2) ☐ 안에 알맞은 수를 써넣으세요.

처음에 색깔별로 **5**개씩 있었는데 노란색 ☐ 개가 없어졌어.

---

2 자료를 분류하여 그래프로 나타내기

개념 112쪽

[09~10] 서은이의 옷장에 있는 옷을 조사하였습니다. 물음에 답하세요.

윗옷	바지	치마

09 자료를 보고 그래프로 나타내는 순서대로 기호로 쓰세요.

> ㉠ 가로와 세로에 무엇을 쓸지 정합니다.
> ㉡ 서은이의 옷장에 있는 옷별 개수를 ○로 표시합니다.
> ㉢ 조사한 자료를 살펴봅니다.
> ㉣ 가로와 세로를 각각 몇 칸으로 할지 정합니다.

㉢ → ☐ → ☐ → ☐

10 자료를 보고 ○를 이용하여 그래프로 나타내세요.

서은이의 옷장에 있는 종류별 옷 수

5			
4			
3			
2			
1			
옷 수(벌) 종류	윗옷	바지	치마

[11~14] 찬유네 반 학생들이 만들고 싶은 음식을 조사하여 표로 나타냈습니다. 물음에 답하세요.

찬유네 반 학생들이 만들고 싶은 음식별 학생 수

음식	샌드위치	떡볶이	김밥	피자	합계
학생 수(명)	5	2	3	4	14

11 표를 보고 ○를 이용하여 그래프로 나타내세요.

찬유네 반 학생들이 만들고 싶은 음식별 학생 수

5				
4				
3				
2				
1				
학생 수(명) / 음식	샌드위치	떡볶이	김밥	피자

12 전체 학생 수를 알기 쉬운 것은 표와 그래프 중 어느 것인가요?

( )

13 표를 보고 ✕를 이용하여 그래프로 나타내세요.

찬유네 반 학생들이 만들고 싶은 음식별 학생 수

피자				
김밥				
떡볶이				
샌드위치				
음식 / 학생 수(명)				

14 **11**과 **13**의 그래프를 잘못 비교한 사람의 이름을 쓰세요.

가로와 세로에 적힌 것의 위치가 같아.

표시하는 기호가 ○와 ✕로 달라.

리아   준호

( )

3 표와 그래프를 보고 알 수 있는 내용

개념 114쪽

[15~16] 은규네 반 학생들이 좋아하는 나무를 조사하여 그래프로 나타냈습니다. 물음에 답하세요.

은규네 반 학생들이 좋아하는 나무별 학생 수

6			○	
5			○	○
4		○	○	○
3	○	○	○	○
2	○	○	○	○
1	○	○	○	○
학생 수(명) / 나무	소나무	단풍나무	벚나무	은행나무

15 가장 많은 학생들이 좋아하는 나무는 무엇인가요?

( )

16 4명보다 많은 학생들이 선택한 나무를 모두 찾아보세요.

( )

[17~22] 효주네 반 학생들이 좋아하는 과목을 조사하였습니다. 물음에 답하세요.

이름	과목	이름	과목	이름	과목
효주	음악	송이	과학	재호	체육
의성	미술	은영	음악	예석	과학
석훈	체육	화진	과학	승우	체육
동민	체육	주은	미술	지원	미술

17 조사한 자료를 보고 표로 나타내세요.

효주네 반 학생들이 좋아하는 과목별 학생 수

과목				합계
학생 수(명)				

18 위 **17**의 표를 보고 /을 이용하여 그래프로 나타내세요.

효주네 반 학생들이 좋아하는 과목별 학생 수

4				
3				
2				
1				
학생 수(명) 과목				

19 좋아하는 학생 수가 3명보다 많은 과목을 쓰세요.

( )

20 좋아하는 학생 수가 같은 과목을 쓰세요.

( )

교과역량 콕! 연결 | 정보처리

21 **17**의 표와 **18**의 그래프를 보고 효주의 일기를 완성해 보세요.

○월 ○일

제목: 좋아하는 과목을 조사한 날

오늘은 우리 반 학생들이 좋아하는 과목을 조사했다. 가장 많은 친구들이 좋아하는 과목은 ☐ , 가장 적은 친구들이 좋아하는 과목은 ☐ 이었다. 재미있는 조사 활동이었다.

22 **17**의 표와 **18**의 그래프를 보고 알 수 있는 내용이 바른 것을 모두 찾아 기호를 쓰세요.

㉠ 조사한 전체 학생 수는 11명입니다.
㉡ 음악을 좋아하는 학생 수는 2명입니다.
㉢ 체육을 좋아하는 학생은 음악을 좋아하는 학생보다 2명 더 많습니다.

( )

1

유라네 반 학생들이 체육 시간에 하고 싶은 운동을 조사하여 표로 나타냈습니다. 유라네 반에서 **체육 시간에 어떤 운동을 하면 가장 좋을지** 설명해 보세요.

학생들이 체육 시간에 하고 싶은 운동별 학생 수

운동	달리기	줄넘기	피구	발야구	합계
학생 수(명)	2	7	4	5	18

설명 체육 시간에 하면 좋을 운동과 그 이유 쓰기

가장 (많은 , 적은) 학생들이 체육 시간에 하고 싶은 [ ]를 하면 좋을 것 같습니다.

2

동근이네 반 학생들이 좋아하는 책을 조사하여 표로 나타냈습니다. 동근이네 반 **학급 문고로 어떤 책을 더 준비하면 가장 좋을지** 설명해 보세요.

학생들이 좋아하는 책별 학생 수

책	위인전	동화책	만화책	시집	합계
학생 수(명)	4	8	7	1	20

설명 더 준비하면 좋을 책과 그 이유 쓰기

_____

_____

3

O형인 학생은 A형인 학생보다 몇 명 더 많은지 풀이 과정을 쓰고, 답을 구하세요.

학생들의 혈액형별 학생 수

혈액형	A형	B형	O형	AB형	합계
학생 수(명)	3	4	5	2	14

1단계 O형인 학생 수와 A형인 학생 수 각각 구하기

O형은 [ ]명, A형은 [ ]명입니다.

2단계 학생 수의 차 구하기

O형인 학생은 A형인 학생보다

[ ]-[ ]=[ ] (명) 더 많습니다.

답 _____

4

봄에 태어난 학생은 겨울에 태어난 학생보다 몇 명 더 많은지 풀이 과정을 쓰고, 답을 구하세요.

학생들이 태어난 계절별 학생 수

계절	봄	여름	가을	겨울	합계
학생 수(명)	4	3	7	1	15

1단계 봄과 겨울에 태어난 학생 수 각각 구하기

_____

2단계 학생 수의 차 구하기

_____

_____

답 _____

5

그래프를 보고 **오늘 팔린 빵은 모두 몇 개인지** 풀이 과정을 쓰고, 답을 구하세요.

오늘 팔린 종류별 빵 수

빵 수(개) \ 종류	식빵	팥빵	마늘빵	크림빵
5			○	
4			○	○
3	○		○	○
2	○		○	○
1	○	○	○	○

(1단계) 팔린 종류별 빵 수 각각 구하기

식빵: ☐ 개, 팥빵: ☐ 개,

마늘빵: ☐ 개, 크림빵: ☐ 개입니다.

(2단계) 오늘 팔린 빵은 모두 몇 개인지 구하기

오늘 팔린 빵은 모두

☐ + ☐ + ☐ + ☐ = ☐ (개)

입니다.

답 _____

6

그래프를 보고 **조사한 학생은 모두 몇 명인지** 풀이 과정을 쓰고, 답을 구하세요.

학생들의 취미별 학생 수

학생 수(명) \ 취미	바둑	게임	수영	독서
5				○
4			○	○
3	○		○	○
2	○	○	○	○
1	○	○	○	○

(1단계) 취미별 학생 수 각각 구하기

_____

_____

(2단계) 조사한 학생은 모두 몇 명인지 구하기

_____

_____

답 _____

7

5번 그래프를 보고 알 수 있는 내용을 이야기 해 보세요.

(이야기) 알 수 있는 내용

많이 팔린 빵부터 순서대로 쓰면

☐ , ☐ , ☐ , ☐

입니다.

8 창의형

6번 그래프를 보고 알 수 있는 내용을 이야기 해 보세요.

(이야기) 알 수 있는 내용 쓰기

_____

_____

_____

[01~04] 경현이네 반 학생들이 좋아하는 채소를 조사하였습니다. 물음에 답하세요.

당근	오이	가지	시금치
경현 🥕	준석 🥒	서진 🍆	정민 🥬
성원 🥕	주아 🥬	은희 🥒	미정 🥒
은주 🥒	다인 🥕	찬규 🥬	승현 🥒
희원 🍆	규현 🥒	우주 🍆	태건 🥕

01 경현이는 어떤 채소를 좋아하나요?

(　　　　　)

02 가지를 좋아하는 학생의 이름을 모두 쓰세요.

(　　　　　)

03 경현이네 반 학생은 모두 몇 명인가요?

(　　　　　)

04 자료를 보고 표로 나타내세요.

경현이네 반 학생들이 좋아하는 채소별 학생 수

채소	당근	오이	가지	시금치	합계
학생 수(명)					

[05~08] 선미네 반 학생들이 받고 싶은 선물을 조사하였습니다. 물음에 답하세요.

이름	선물	이름	선물	이름	선물
선미	인형	지은	책	현성	옷
동현	로봇	설아	로봇	유정	로봇
지호	옷	건희	인형	승혜	책
하늘	인형	유찬	로봇	은유	옷

05 자료를 보고 표로 나타내세요.

선미네 반 학생들이 받고 싶은 선물별 학생 수

선물	인형	책	옷	로봇	합계
학생 수(명)					

06 05의 표를 보고 ○를 이용하여 그래프로 나타내세요.

선미네 반 학생들이 받고 싶은 선물별 학생 수

4				
3				
2				
1				
학생 수(명) 선물	인형	책	옷	로봇

07 06의 그래프에서 세로에 나타낸 것은 무엇인가요?

(　　　　　)

08 받고 싶어 하는 학생 수가 같은 선물은 무엇인가요?

(　　　　　)

[09~12] 민웅이네 반 학생들이 좋아하는 곤충을 조사하여 표로 나타냈습니다. 물음에 답하세요.

민웅이네 반 학생들이 좋아하는 곤충별 학생 수

곤충	매미	메뚜기	잠자리	나비	합계
학생 수(명)	2	3	5	4	

09 민웅이네 반 학생은 모두 몇 명인가요?

( )

10 표를 보고 /을 이용하여 그래프로 나타내세요.

민웅이네 반 학생들이 좋아하는 곤충별 학생 수

5				
4				
3				
2				
1				
학생 수(명)\n곤충	매미	메뚜기	잠자리	나비

11 위 **10**의 그래프에서 가로에 나타낸 것은 무엇인가요?

( )

12 가장 많은 학생들이 좋아하는 곤충을 한눈에 알아보기 쉬운 것은 표와 그래프 중 어느 것일까요?

( )

[13~15] 현주네 반 학생들이 좋아하는 동물을 조사하여 그래프로 나타냈습니다. 물음에 답하세요.

현주네 반 학생들이 좋아하는 동물별 학생 수

5	○			
4	○		○	
3	○		○	○
2	○	○	○	○
1	○	○	○	○
학생 수(명)\n동물	강아지	코끼리	토끼	곰

13 가장 많은 학생들이 좋아하는 동물은 무엇인가요?

( )

14 그래프를 보고 알 수 있는 내용을 모두 찾아 기호를 쓰세요.

> ㉠ 현주네 반 학생들이 좋아하는 동물의 종류를 알 수 있습니다.
> ㉡ 현주네 반 학생인 준기가 어떤 동물을 좋아하는지 알 수 있습니다.
> ㉢ 많은 학생들이 좋아하는 동물부터 순서대로 정리할 수 있습니다.

( )

15 3명보다 많은 학생들이 좋아하는 동물을 모두 찾아보세요.

( )

[16~18] 승범이네 반 학생들이 좋아하는 공놀이를 조사하여 표로 나타냈습니다. 물음에 답하세요.

승범이네 반 학생들이 좋아하는 공놀이별 학생 수

공놀이	피구	농구	축구	야구	합계
학생 수(명)	6	4	5	3	18

16 가장 적은 학생들이 좋아하는 공놀이는 무엇인가요?

( )

17 표를 보고 ○를 이용하여 그래프로 나타내세요.

승범이네 반 학생들이 좋아하는 공놀이별 학생 수

6				
5				
4				
3				
2				
1				
학생 수(명) 공놀이				

18 피구를 좋아하는 학생 수와 야구를 좋아하는 학생 수를 더하면 몇 명인가요?

( )

19 윤재네 반 학생들이 먹고 싶은 간식을 조사하여 표로 나타냈습니다. 윤재네 반에 어떤 간식을 준비하면 좋을지 설명해 보세요.

윤재네 반 학생들이 먹고 싶은 간식별 학생 수

간식	김밥	치킨	피자	떡	합계
학생 수(명)	3	6	5	2	16

설명

20 그래프를 보고 조사한 학생은 모두 몇 명인지 풀이 과정을 쓰고, 답을 구하세요.

학생들이 좋아하는 색깔별 학생 수

5		○		
4		○	○	
3		○	○	○
2	○	○	○	○
1	○	○	○	○
학생 수(명) 색깔	빨강	노랑	초록	파랑

풀이

답

두뇌를 씽씽 회전 시켜볼까요?
물건의 이름을 거꾸로 써 보는 거예요!
이름을 잘 생각하면서 천천히 거꾸로 써 보세요.

아 숭 복

정답은 개념책 152쪽에서 확인하세요.

6

규칙 찾기

학습을 끝낸 후
색칠하세요.

교과서
개념 잡기

수학익힘
문제 잡기

❶ 무늬에서 규칙 찾기
❷ 쌓은 모양에서 규칙 찾기

⊙ 이전에 배운 내용

[1-2] 규칙 찾기

반복되는 규칙 찾기
규칙을 만들어 무늬 꾸미기
수 배열표에서 규칙 찾기

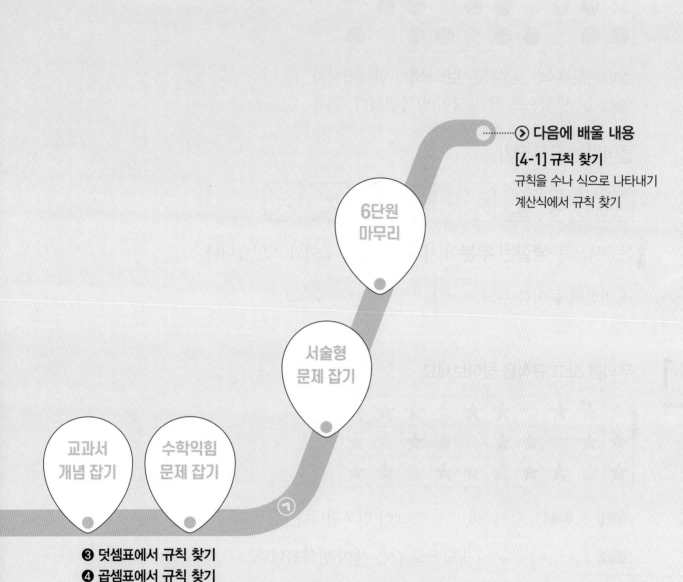

⊙ 다음에 배울 내용

[4-1] 규칙 찾기

규칙을 수나 식으로 나타내기

계산식에서 규칙 찾기

6단원
마무리

서술형
문제 잡기

교과서
개념 잡기

수학익힘
문제 잡기

❸ 덧셈표에서 규칙 찾기
❹ 곱셈표에서 규칙 찾기
❺ 생활에서 규칙 찾기

교과서 **개념 잡기**

개념 강의

① 무늬에서 규칙 찾기

반복되는 규칙 찾기

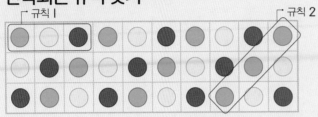

규칙1 **초록색**, **노란색**, **보라색**이 반복됩니다.

규칙2 ╱ 방향으로 같은 색이 반복됩니다.

돌아가는 규칙 찾기

분홍색으로 **색칠된 부분**이 시계 방향으로 돌아가고 있습니다.

➡ 빈칸에 들어갈 무늬: ⬭에서 오른쪽으로 돌린 모양

개념 확인 1 무늬를 보고 규칙을 찾아보세요.

노란색　　연두색　　보라색

규칙1 노란색, □색, □색이 반복됩니다.

규칙2 (→ , ↓ , ╱) 방향으로 같은 색이 반복됩니다.

개념 확인 2 무늬를 보고 규칙을 찾아보세요.

     ?

초록색으로 **색칠된 부분**이 (시계 , 시계 반대) 방향으로 돌아가고 있습니다.

➡ 빈칸에 들어갈 무늬: 규칙에 알맞게 무늬를 색칠해 봐.

3 무늬를 보고 규칙을 찾으려고 합니다. 물음에 답하세요.

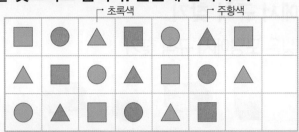

(1) 규칙을 찾아 쓰세요.

규칙1 사각형, 원, [　　　]이 반복됩니다.

규칙2 → 방향으로 [　　　], 주황색이 반복됩니다.

(2) 규칙에 따라 위 그림의 빈칸에 알맞은 모양을 그리고, 색칠해 보세요.

4 무늬를 보고 규칙을 찾으려고 합니다. 물음에 답하세요.

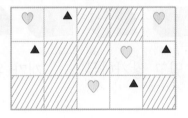

(1) ♡는 I로, ▲는 2로, ▨는 3으로 나타내세요.

I	2	3	3	I
2	3			

(2) 위 (1)에서 규칙을 찾아 쓰세요.

I, 2, [　　], [　　]이 반복됩니다.

② 쌓은 모양에서 규칙 찾기

쌓기나무를 쌓은 모양에서 규칙 찾기

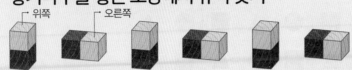

빨간색 쌓기나무가 있고 쌓기나무 1개가 위쪽, 오른쪽으로 번갈아 가며 나타나고 있습니다.

다음에 이어질 모양 알아보기

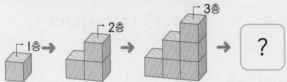

쌓기나무가 1층에서 오른쪽으로 2층, 3층, ...으로 쌓이고 있습니다.

오른쪽으로 4층이 쌓인 모양

→ 다음에 이어질 모양:

개념 확인 1 쌓기나무를 쌓은 규칙을 찾아보세요.

빨간색 쌓기나무가 있고 쌓기나무 [ ]개가 왼쪽, [ ]으로 번갈아 가며 나타나고 있습니다.

개념 확인 2 규칙에 따라 쌓기나무를 쌓았습니다. 규칙을 찾고 다음에 이어질 모양에 ○표 하세요.

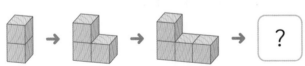

쌓기나무가 오른쪽으로 [ ]개씩 늘어나고 있습니다.

→ 다음에 이어질 모양: (⌐ , ⌐)

3 규칙에 따라 쌓기나무를 쌓았습니다. ☐ 안에 알맞은 수를 써넣으세요.

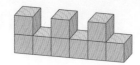

쌓기나무가 왼쪽에서 오른쪽으로 2개, ☐개씩 반복됩니다.

4 주어진 규칙에 따라 쌓은 쌓기나무에 ○표 하세요.

쌓기나무가 1개씩 늘어나고 있습니다.

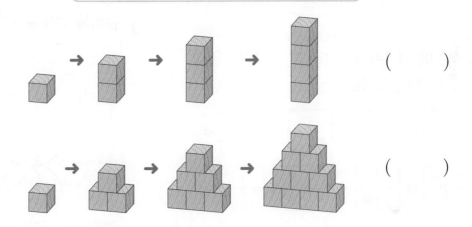

( )

( )

5 쌓기나무를 쌓은 규칙을 바르게 말한 친구에 ○표 하세요.

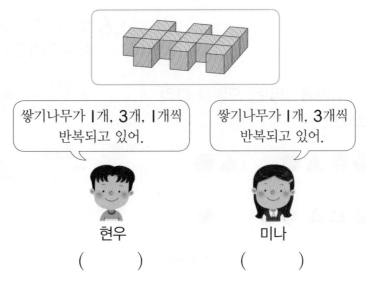

쌓기나무가 1개, 3개, 1개씩 반복되고 있어.

쌓기나무가 1개, 3개씩 반복되고 있어.

현우

미나

( ) ( )

STEP 2 수학익힘 **문제 잡기**

1 **무늬에서 규칙 찾기** 개념 128쪽

01 규칙을 찾아 알맞게 색칠해 보세요.

02 마지막에 올 무늬를 그리고, ☐ 안에 알맞은 말을 써넣으세요.

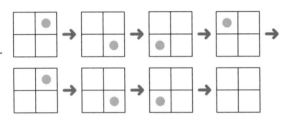

● 모양이 ☐ 방향으로 돌아가고 있습니다.

03 규칙을 찾아 ☐ 안에 알맞은 모양을 그리고, 색칠해 보세요.

(1)

(2)

힌트 톡!{ 모양의 규칙만 있는지 모양과 색깔의 규칙이 각각 있는지 먼저 알아보자.

04 팔찌에서 규칙을 찾아 알맞게 색칠해 보세요.

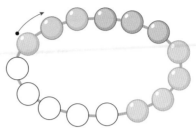

교과역량 쾅! 연결
05 규칙을 정해 포장지의 무늬를 색칠해 보세요.

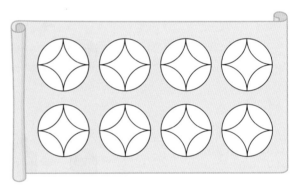

06 빈 곳에 올 무늬를 바르게 나타낸 친구는 누구인가요?

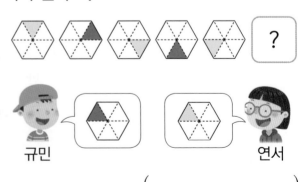

규민   연서

(   )

② 쌓은 모양에서 규칙 찾기   개념 130쪽

07 규칙에 따라 쌓기나무를 쌓았습니다. ☐ 안에 알맞은 수를 써넣으세요.

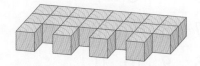

쌓기나무의 수가 왼쪽에서 오른쪽으로
☐ 개, ☐ 개씩 반복됩니다.

교과역량 콕! 문제해결 | 추론

08 규칙에 따라 쌓기나무를 쌓았습니다. 다음에 이어질 모양을 찾아 기호를 쓰세요.

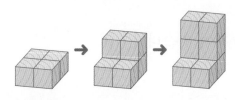

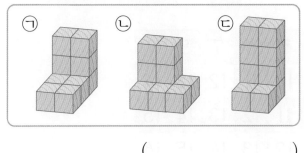

(   )

09 규칙에 따라 쌓기나무를 쌓았습니다. 다음에 이어질 모양에 쌓을 쌓기나무는 몇 개인지 구하세요.

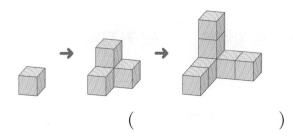

(   )

10 규칙에 따라 쌓기나무를 쌓았습니다. 잘못 설명한 것을 찾아 기호를 쓰세요.

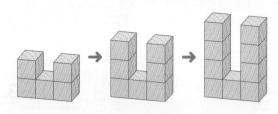

> ㉠ 쌓기나무가 2개씩 늘어나는 규칙입니다.
> ㉡ 쌓기나무가 2층, 3층, 4층으로 쌓이고 있습니다.
> ㉢ 다음에 이어질 모양에 쌓을 쌓기나무는 10개입니다.

(   )

[11~12] 규칙에 따라 쌓기나무를 쌓았습니다. 물음에 답하세요.

11 쌓기나무를 2층, 3층으로 쌓은 모양에서 쌓기나무는 각각 몇 개일까요?

2층 (   )
3층 (   )

12 쌓기나무를 4층으로 쌓으려면 쌓기나무는 모두 몇 개 필요할까요?

(   )

개념 강의

③ 덧셈표에서 규칙 찾기

+	0	1	2	3	4	5	6	7	8	9
0	0	1	2	3	4	5	6	7	8	9
1	1	2	3	4	5	6	7	8	9	10
2	2	3	4	5	6	7	8	9	10	11
3	3	4	5	6	7	8	9	10	11	12
4	4	5	6	7	8	9	10	11	12	13

규칙1 ▨으로 색칠한 수는 아래쪽으로 내려갈수록 **1씩 커지는** 규칙이 있습니다.

규칙2 ▨으로 색칠한 수는 오른쪽으로 갈수록 **1씩 커지는** 규칙이 있습니다.

규칙3 ＼ 방향으로 갈수록 **2씩 커지는** 규칙이 있습니다.

개념 확인 **1**

덧셈표를 보고 규칙을 찾아 보세요.

+	0	1	2	3	4	5	6	7	8	9
5	5	6	7	8	9	10	11	12	13	14
6	6	7	8	9	10	11	12	13	14	15
7	7	8	9	10	11	12	13	14	15	16
8	8	9	10	11	12	13	14	15	16	17
9	9	10	11	12	13	14	15	16	17	18

규칙1 ▨으로 색칠한 수는 아래쪽으로 내려갈수록 ☐ **씩 커지는** 규칙이 있습니다.

규칙2 ▨으로 색칠한 수는 오른쪽으로 갈수록 ☐ **씩 커지는** 규칙이 있습니다.

규칙3 ＼ 방향으로 갈수록 ☐ **씩 커지는** 규칙이 있습니다.

[2~5] 덧셈표를 보고 물음에 답하세요.

+	1	3	5	7	9
1	2	4	6	8	10
3	4	6	8	10	12
5	6	8	10	12	
7	8	10	12		
9	10	12			

2 규칙을 찾아 빈칸에 알맞은 수를 써넣으세요.

3 ▨▨▨으로 색칠한 수의 규칙을 찾아 쓰세요.

> 위쪽으로 올라갈수록 ☐ 씩 작아지는 규칙이 있습니다.

4 ▨▨▨으로 색칠한 수의 규칙을 찾아 쓰세요.

> 왼쪽으로 갈수록 ☐ 씩 작아지는 규칙이 있습니다.

5 ╱ 방향으로 놓인 수의 규칙을 찾아 ○표 하세요.

> ╱ 방향으로 놓인 수는 모두 (같습니다 , 다릅니다).

개념 강의

④ 곱셈표에서 규칙 찾기

×	1	2	3	4	5	6	7	8	9
1	1	2	3	4	5	6	7	8	9
2	2	4	6	8	10	12	14	16	18
3	3	6	9	12	15	18	21	24	27
4	4	8	12	16	20	24	28	32	36
5	5	10	15	20	25	30	35	40	45

규칙1 ▨으로 색칠한 수는 오른쪽으로 갈수록 **3**씩 커지는 규칙이 있습니다.

규칙2 ▨으로 색칠한 수는 아래쪽으로 내려갈수록 **6**씩 커지는 규칙이 있습니다.

규칙3 2단, 4단, 6단, 8단 곱셈구구에 있는 수는 모두 **짝수**입니다.

개념 확인 1 곱셈표를 보고 규칙을 찾아보세요.

×	1	2	3	4	5	6	7	8	9
6	6	12	18	24	30	36	42	48	54
7	7	14	21	28	35	42	49	56	63
8	8	16	24	32	40	48	56	64	72
9	9	18	27	36	45	54	63	72	81

규칙1 ▨으로 색칠한 수는 오른쪽으로 갈수록 ☐씩 커지는 규칙이 있습니다.

규칙2 ▨으로 색칠한 수는 아래쪽으로 내려갈수록 ☐씩 커지는 규칙이 있습니다.

규칙3 2단, 4단, 6단, 8단 곱셈구구에 있는 수는 모두 (홀수 , 짝수)입니다.

[2~5] 곱셈표를 보고 물음에 답하세요.

×	1	3	5	7	9
1	1		5	7	9
3	3	9	15		27
5	5		25	35	45
7	7	21	35	49	63
9	9	27	45	63	

2 규칙을 찾아 빈칸에 알맞은 수를 써넣으세요.

3 ░░░░░ 으로 색칠한 수의 규칙을 찾아 쓰세요.

> 아래쪽으로 내려갈수록 ☐ 씩 커지는 규칙이 있습니다.

4 ░░░░░ 으로 색칠한 수의 규칙을 찾아 쓰세요.

> 오른쪽으로 갈수록 ☐ 씩 커지는 규칙이 있습니다.

5 곱셈표에 있는 또 다른 규칙을 찾아 쓰세요.

> 곱셈표에 있는 수들은 모두 (짝수 , 홀수)입니다.

⑤ 생활에서 규칙 찾기

벽 무늬에서 규칙 찾기

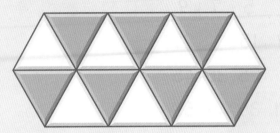

흰색 삼각형(△)과
파란색 삼각형(▽)이
반복됩니다.

달력에서 규칙 찾기

9월

일	월	화	수	목	금	토
	①	1	2	3	③ 4	5
6	7	8	9	10	11	12
② 13	14	15	16	17	18	19
20	21	22	23	24	25	26
27	28	29	30			

① 화요일은 **7**일마다 반복됩니다.
② 오른쪽으로 갈수록 수는 **1**씩
   커집니다.
③ ↙ 방향으로 **6**씩 커집니다.

개념 확인

1 달력에서 규칙을 찾아보세요.

11월

일	월	화	수	목	금	토
		① 1	2	3	4	
③						
5	6	7	8	9	10	11
12	13	14	15	16	17	18
② 19	20	21	22	23	24	25
26	27	28	29	30		

① 수요일은 ☐ **일**마다 반복됩니다.
② 왼쪽으로 갈수록 수는 ☐ 씩
   작아집니다.
③ ↘ 방향으로 ☐ 씩 커집니다.

---

2 바닥 무늬에서 규칙을 찾아보세요.

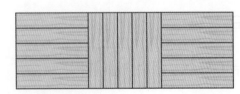

사각형(▭)이 ☐ 개씩 가로, 세로로
반복되는 규칙이 있습니다.

3 깃발에 있는 규칙을 찾아 쓰세요.

깃발의 색깔이 빨간색, ⬚, ⬚으로 반복됩니다.

4 사물함 번호에 있는 규칙을 찾아 쓰세요.

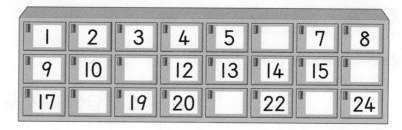

5 신호등을 보고 규칙을 찾아 다음에 올 모양에 알맞게 색칠해 보세요.

6 엘리베이터에 있는 수에서 규칙을 찾아 쓰세요.

(1) → 방향으로 ⬚씩 커집니다.

(2) ↑ 방향으로 ⬚씩 커집니다.

6. 규칙 찾기 **139**

3 덧셈표에서 규칙 찾기 개념 134쪽

[01～03] 덧셈표를 보고 물음에 답하세요.

+	1	2	3	4	5
1	2	3	4	5	6
2	3	4	5	6	7
3	4	5	6		
4	5	6		8	
5	6	7			10

01 덧셈표의 빈칸에 알맞은 수를 써넣으세요.

02 ☐ 안에 알맞은 수를 쓰세요.

> ▭으로 색칠한 수는 아래쪽으로 내려갈수록 ☐씩 커지는 규칙입니다.

03 덧셈표에서 찾을 수 있는 규칙을 바르게 말한 사람은 누구일까요?

> 초록색 점선을 따라 접었을 때 만나는 수들은 서로 같아.

> 빨간색 점선에 놓인 수들은 1씩 커지는 규칙이 있어.

미나

준호

(   )

04 덧셈표를 완성해 보세요.

+	1	3	5	7
4	5	7	9	11
	7	9	11	13
	9		13	15
10	11	13		

4 곱셈표에서 규칙 찾기 개념 136쪽

[05～06] 곱셈표를 보고 물음에 답하세요.

×	2	3	4	5	6
2	4	6	8	10	12
3	6	9	12		18
4	8	12	16	20	24
5	10	15	20		30
6	12	18			36

05 곱셈표의 빈칸에 알맞은 수를 써넣으세요.

06 ▭으로 칠해진 곳과 규칙이 같은 곳을 찾아 색칠해 보세요.

07 곱셈표에서 빨간색 점선을 따라 접었을 때 ㉠과 만나는 수를 구하세요.

×	4	5	6	7
4				
5				
6	㉠			
7				

( )

교과역량 콕! 문제해결 | 추론

08 곱셈표에서 규칙을 찾아 빈칸에 알맞은 수를 써넣으세요.

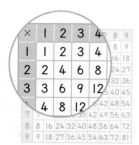

		24
24	28	
	35	40

힌트 톡! 수가 몇씩 커지는지 확인하여 몇 단 곱셈구구인지 찾아봐!

5 생활에서 규칙 찾기 개념 138쪽

09 옷에 있는 규칙을 찾아보세요.

☐가지 색깔이 반복되는 규칙입니다.

10 버스 출발 시간표에서 규칙을 찾아 빈칸에 알맞은 시각을 써넣으세요.

🚌 서울 → 대전

	출발 시각		
평일	8:00	8:10	8:20
		8:40	8:50
	9:00	9:10	
	9:30	9:40	9:50
주말	8:00	8:30	9:00
		10:00	10:30

힌트 톡! 평일과 주말에 버스가 각각 몇 분마다 출발하는지 구해 봐.

교과역량 콕! 연결

11 영화관 의자 번호에서 규칙을 찾아 물음에 답하세요.

화면

첫째 둘째 셋째 넷째 …

가열 ① ② ③ ④ ⑤ ⑥ ☐ ☐

나열 ⑨ ⑩ ⑪ ☐ ☐ ☐ ☐ ☐

다열 ⑰ ☐ ☐ ☐ ☐ ☐ ☐ ☐

⋮

☐ ☐ ☐ ☐ ☐ ☐ ☐ ☐

(1) 영화관 의자 번호에서 찾을 수 있는 규칙을 쓰세요.

같은 줄에서 오른쪽으로 갈수록
☐씩 커집니다.

(2) 소진이의 자리는 나열의 일곱째입니다. 소진이의 자리를 찾아 ○표 하세요.

1

민종이가 규칙을 정하여 색칠한 것입니다. **민종이가 정한 규칙을 찾아 쓰세요.**

규칙 민종이가 정한 규칙 찾아 쓰기

파란색, [   ], [   ]이 시계 방향으로 반복됩니다.

2

정서가 규칙을 정하여 색칠한 것입니다. **정서가 정한 규칙을 찾아 쓰세요.**

규칙 정서가 정한 규칙 찾아 쓰기

_____

_____

3

어느 해 11월 달력의 일부분이 찢어져 보이지 않습니다. 이달의 **둘째 목요일은 며칠인지** 풀이 과정을 쓰고, 답을 구하세요.

11월

일	월	화	수	목	금	토
		1	2	3	4	5

1단계 달력의 규칙 찾기

모든 요일은 [ ]일마다 반복됩니다.

2단계 이달의 둘째 목요일은 며칠인지 구하기

첫째 목요일은 **3**일이므로

둘째 목요일은 **3** + [   ] = [   ] (일)입니다.

답 _____

4

어느 해 5월 달력의 일부분이 찢어져 보이지 않습니다. 이달의 **둘째 토요일은 며칠인지** 풀이 과정을 쓰고, 답을 구하세요.

5월

일	월	화	수	목	금	토
1	2	3	4	5	6	7

1단계 달력의 규칙 찾기

_____

_____

2단계 이달의 둘째 토요일은 며칠인지 구하기

_____

_____

답 _____

5

규칙에 따라 쌓기나무를 쌓았습니다. 빈칸에 들어갈 모양을 만드는 데 필요한 쌓기나무는 모두 몇 개인지 풀이 과정을 쓰고, 답을 구하세요.

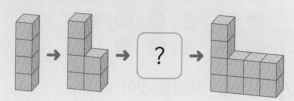

(1단계) 규칙 찾기

쌓기나무가 오른쪽으로 ☐ 개씩 늘어나고 있습니다.

(2단계) 빈칸에 들어갈 모양을 만드는 데 필요한 쌓기나무의 수 구하기

따라서 필요한 쌓기나무는 모두

$4 + \boxed{} + \boxed{} = \boxed{}$ (개)입니다.

답 _____

6

규칙에 따라 쌓기나무를 쌓았습니다. 빈칸에 들어갈 모양을 만드는 데 필요한 쌓기나무는 모두 몇 개인지 풀이 과정을 쓰고, 답을 구하세요.

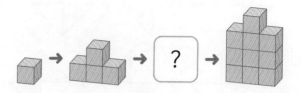

(1단계) 규칙 찾기

_____

_____

(2단계) 빈칸에 들어갈 모양을 만드는 데 필요한 쌓기나무의 수 구하기

_____

_____

답 _____

7

현우가 만든 덧셈표입니다. 빈칸에 알맞은 수를 써넣고, 덧셈표에서 규칙을 찾아 쓰세요.

(1단계) 덧셈표 완성하기

+	0	1	2	3
1	1	2	3	
2	2		4	5
3	3	4	5	6
4		5	6	

(2단계) 현우가 만든 규칙 찾아 쓰기

↘ 방향으로 갈수록 ☐ 씩 커지는 규칙이 있습니다.

8 창의형

표 안의 수를 이용하여 **나만의 덧셈표**를 만들고, 덧셈표에서 규칙을 찾아 쓰세요.

(1단계) 나만의 덧셈표 만들기

+				
	4			
		8		
			12	
				16

(2단계) 내가 만든 규칙 찾아 쓰기

_____

_____

01 규칙을 찾아 그림을 완성해 보세요.

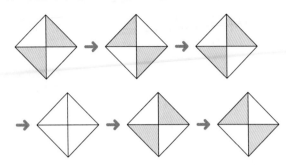

02 규칙에 따라 쌓기나무를 쌓았습니다. ☐ 안에 알맞은 수를 써넣으세요.

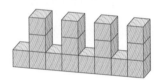

> 쌓기나무가 왼쪽에서 오른쪽으로
> ☐개, ☐개씩 반복됩니다.

03 미나가 휴대 전화 숫자 버튼에서 규칙을 찾았습니다. ☐ 안에 알맞은 수를 써넣으세요.

1	2 ABC	3 DEF
4 GHI	5 JKL	6 MNO
7 PQRS	8 TUV	9 WXYZ

미나

> 오른쪽으로 갈수록
> ☐ 씩 커지는 규칙이야.

[04~05] 그림을 보고 물음에 답하세요.

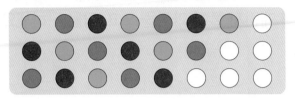

04 반복되는 색깔을 찾아 쓰세요.

> 초록색, ☐, ☐이
> 반복됩니다.

05 규칙에 따라 위 그림의 빈 곳을 색칠해 보세요.

06 규칙에 따라 쌓기나무를 쌓았습니다. 다음에 이어질 모양에 ○표 하세요.

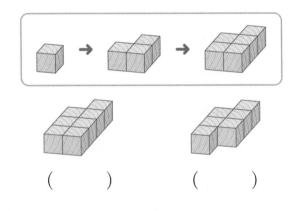

( )   ( )

07 규칙을 찾아 ☐ 안에 알맞은 모양을 그리고, 색칠해 보세요.

08 버스 출발 시간표에서 규칙을 찾아 쓰세요.

🚌 서울 → 춘천		
출발 시각	7:00	7:15	7:30
	7:45	8:00	8:15
	8:30	8:45	9:00

[ ] 분 간격으로 버스가 출발합니다.

[09~11] 사과, 귤, 포도를 그림과 같이 규칙에 따라 놓았습니다. 물음에 답하세요.

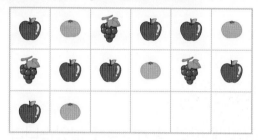

09 규칙을 찾아 위의 빈칸에 과일의 이름을 써넣으세요.

10 09의 그림에서 🍎는 1, ●은 2, 🍇는 3으로 바꾸어 나타내세요.

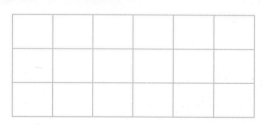

11 10에 나타낸 수에서 규칙을 찾아 쓰세요.

1, 2, [ ], [ ] 이 반복됩니다.

[12~14] 덧셈표를 보고 물음에 답하세요.

+	1	3	5	7	9
1	2		6	8	10
3	4	6	8	10	12
5	6	8	10	12	
7	8		12	14	16
9	10	12	14		18

12 위 덧셈표의 빈칸에 알맞은 수를 써넣으세요.

13 ▨으로 색칠한 수의 규칙을 찾아 쓰세요.

오른쪽으로 갈수록 [ ]씩 커지는 규칙이 있습니다.

14 ▨으로 색칠한 수의 규칙을 찾아 쓰세요.

위쪽으로 올라갈수록 [ ]씩 작아지는 규칙이 있습니다.

[15~17] 곱셈표를 보고 물음에 답하세요.

×	1	2	3	4
1	1	2	3	4
2	2	4	6	8
3	3	6	9	
4	4	8		

15 위 곱셈표의 빈칸에 알맞은 수를 써넣으세요.

16 〿〿〿〿〿으로 색칠한 수의 규칙을 찾아 쓰세요.

> 오른쪽으로 갈수록 [ ]씩 커지는 규칙이 있습니다.

17 〿〿〿〿〿으로 색칠한 곳과 규칙이 같은 곳에 ○표 하세요.

18 곱셈표에서 규칙을 찾아 빈칸에 알맞은 수를 써넣으세요.

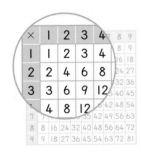

16	20	24
20	25	30
	30	
	35	

서술형

19 유정이가 규칙을 정하여 색칠한 것입니다. 유정이가 정한 규칙을 찾아 쓰세요.

규칙

20 규칙에 따라 쌓기나무를 쌓았습니다. 빈칸에 들어갈 모양을 만드는 데 필요한 쌓기나무는 모두 몇 개인지 풀이 과정을 쓰고, 답을 구하세요.

풀이

답

크리스마스 트리를 꾸미려고 해요.
여러 가지 색으로 꾸미면 엄청 예쁠 것 같아요!
원하는 색으로 크리스마스 장식과 선물들을 색칠해 보세요.

정답은 개념책 152쪽에서 확인하세요.

1단원 | 개념 ❷

01 수 모형이 나타내는 수를 쓰세요.

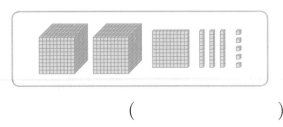

(   )

4단원 | 개념 ❶

02 시계를 보고 몇 시 몇 분인지 쓰세요.

☐ 시 ☐ 분

2단원 | 개념 ❸

03 딸기는 모두 몇 개인지 곱셈식으로 나타내세요.

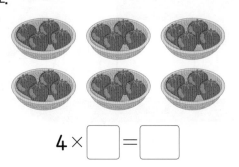

4 × ☐ = ☐

3단원 | 개념 ❶

04 ☐ 안에 알맞은 수를 써넣으세요.

720 cm = ☐ m ☐ cm

6단원 | 개념 ❶

05 규칙을 찾아 ☐ 안에 알맞은 도형을 그려 보세요.

●　■　●　●　■　●　●　☐　●

3단원 | 개념 ❶

06 cm와 m 중 알맞은 단위를 쓰세요.

(1) 방문의 높이는 약 200 ☐ 입니다.

(2) 기린의 키는 약 5 ☐ 입니다.

1단원 | 개념 ❹

07 뛰어 세어 보세요.

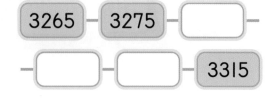

3265 — 3275 — ☐ — ☐ — ☐ — 3315

6단원 | 개념 ④

08 곱셈표를 보고 ▢▢▢▢으로 색칠한 수의 규칙을 찾아 쓰세요.

×	3	4	5	6
1	3	4	5	6
2	6	8	10	12
3	9	12	15	18
4	12	16	20	24

오른쪽으로 갈수록 ▢씩 커지는 규칙이 있습니다.

1단원 | 개념 ③

09 숫자 4가 400을 나타내는 수에 ○표 하세요.

(1)

4032	1547	7483
( )	( )	( )

(2)

2946	5403	3964
( )	( )	( )

2단원 | 개념 ⑦

10 연필 한 자루의 길이는 9 cm입니다. 연필 5자루의 길이는 몇 cm일까요?

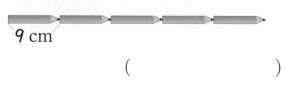

9 cm

( )

[11~13] 희진이네 반 학생들이 좋아하는 날씨를 조사하였습니다. 물음에 답하세요.

이름	날씨	이름	날씨	이름	날씨
희진	맑음	연정	흐림	민아	눈
정하	비	수호	흐림	시우	비
명호	흐림	정식	맑음	철영	비
재석	비	서진	비	주아	흐림

5단원 | 개념 ①

11 자료를 보고 표로 나타내세요.

희진이네 반 학생들이 좋아하는 날씨별 학생 수

날씨	맑음	흐림	눈	비	합계
학생 수(명)					

5단원 | 개념 ②

12 11의 표를 보고 ○를 이용하여 그래프로 나타내세요.

희진이네 반 학생들이 좋아하는 날씨별 학생 수

5				
4				
3				
2				
1				
학생 수(명) / 날씨	맑음	흐림	눈	비

5단원 | 개념 ②

13 12의 그래프에서 세로에 나타낸 것은 무엇인가요?

( )

14 2단원 | 개념❷ ☐ 안에 알맞은 수를 써넣으세요.

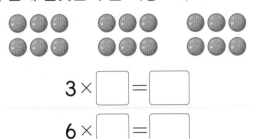

$$3 \times \boxed{} = \boxed{}$$

$$6 \times \boxed{} = \boxed{}$$

15 2단원 | 개념❺ 빈칸에 알맞은 수를 써넣으세요.

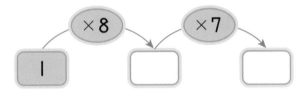

16 5단원 | 개념❸ 예준이네 반 학생들이 좋아하는 과일을 조사하여 그래프로 나타냈습니다. 3명보다 많은 학생들이 좋아하는 과일을 모두 찾아 쓰세요.

예준이네 반 학생들이 좋아하는 과일별 학생 수

학생 수(명) 과일	사과	배	귤	포도
5			×	
4	×		×	
3	×		×	
2	×		×	×
1	×	×	×	×

( )

17 4단원 | 개념❹ 연주는 미술관에 오전 11시부터 오후 2시까지 있었습니다. 연주가 미술관에 있었던 시간은 몇 시간일까요?

( )

18 6단원 | 개념❷ 쌓기나무를 쌓은 규칙을 바르게 말한 사람은 누구인가요?

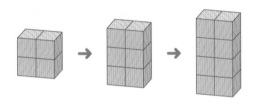

> 세희: 쌓기나무가 위로 2개씩 늘어나고 있습니다.
> 정우: 쌓기나무가 위로 4개씩 늘어나고 있습니다.

( )

19 4단원 | 개념❻ 어느 해의 9월 달력입니다. 민재의 생일은 9월 15일이고 주희의 생일은 민재의 생일 7일 전입니다. 주희의 생일을 쓰세요.

9월

일	월	화	수	목	금	토
			1	2	3	4
5	6	7	8	9	10	11
12	13	14	⑮	16	17	18
19	20	21	22	23	24	25
26	27	28	29	30		

☐ 월 ☐ 일

20 덧셈표를 완성하고, 규칙을 찾아 쓰세요.

6단원 | 개념 ❸

+	4	5	6	7
4		9	10	11
5		10	11	
6	10	11		13
7	11		13	

＼ 방향으로 갈수록 ☐ 씩 커지는

규칙이 있습니다.

21 연극이 3시 10분 전에 시작한다고 합니다. 연극이 시작되는 시각을 시계에 나타내고, 시각을 쓰세요.

4단원 | 개념 ❸

☐ 시 ☐ 분

22 진우의 두 걸음이 1 m라면 사물함의 길이는 약 몇 m일까요?

3단원 | 개념 ❹

약 ☐ m

23 1부터 9까지의 수 중에서 ☐ 안에 들어갈 수 있는 수를 모두 찾아 쓰세요.

1단원 | 개념 ❺

6817 < ☐014

(   )

24 조건을 만족하는 수를 구하세요.

2단원 | 개념 ❹

전단원 총정리

- 7단 곱셈구구의 수입니다.
- 홀수입니다.
- 십의 자리 숫자는 20을 나타냅니다.

(   )

25 수 카드 3장을 ☐ 안에 한 번씩만 넣어 길이를 만들려고 합니다. 가장 긴 길이와 가장 짧은 길이의 합을 구하세요.

3단원 | 개념 ❷

| 4 | 2 | 7 | → ☐ m ☐☐ cm

가장 긴 길이와 가장 짧은 길이의 합은

☐ m ☐☐ cm입니다.

창의력 쑥쑥 정답

029쪽

057쪽

079쪽

107쪽

4 → 6 → 2 → 1 → 5 → 3

125쪽

아승복	자전주	차방소
루거캥	라메카	나나바
수수옥	기탁세	이팽달

147쪽

동아출판 초등 무료 스마트러닝

동아출판 초등 **무료 스마트러닝**으로 쉽고 재미있게!

무료 스마트러닝

과목별 · 영역별 특화 강의

수학 개념 강의

국어 독해 지문 분석 강의

구구단 송

그림으로 이해하는 비주얼씽킹 강의

과학 실험 동영상 강의

과목별 문제 풀이 강의

서비스 제공 교재 큐브 | 백점 과학 | 빠작 초등 국어 | 초능력 | 초고필 | 하이탑 초등 과학

동아출판

큐브 개념

초등 수학

2·2

기본 강화책

기초력 더하기 | 수학익힘 다잡기

기본 강화책

[1~4] 그림을 보고 ☐ 안에 알맞은 수를 써넣으세요.

1

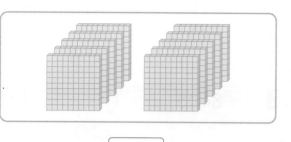

☐

2

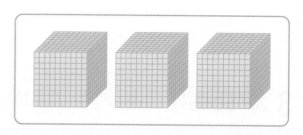

☐

3

☐

4

☐

[5~10] ☐ 안에 알맞은 수를 써넣으세요.

5 100이 10개이면 ☐ 입니다.

6 1000이 5개이면 ☐ 입니다.

7 1000이 3개이면 ☐ 입니다.

8 1000이 7개이면 ☐ 입니다.

9 1000이 6개이면 ☐ 입니다.

10 1000이 9개이면 ☐ 입니다.

[11~18] 수를 읽거나 쓰세요.

11 2000 　(　　　　)

12 7000 　(　　　　)

13 4000 　(　　　　)

14 8000 　(　　　　)

15 오천 　(　　　　)

16 삼천 　(　　　　)

17 구천 　(　　　　)

18 육천 　(　　　　)

[1~6] 수를 읽어 보세요.

1 2439 (   )

2 4351 (   )

3 5046 (   )

4 8405 (   )

5 1297 (   )

6 9510 (   )

[7~12] 수로 나타내세요.

7 삼천오백십 (   )

8 칠천백육십삼 (   )

9 구천오십팔 (   )

10 육천사백구십일 (   )

11 이천사백오 (   )

12 천칠백오 (   )

[13~16] ☐ 안에 알맞은 수를 써넣으세요.

13

1542 는 ┌ 1000이 ☐ 개
      ├ 100이 ☐ 개
      ├ 10이 ☐ 개
      └ 1이 ☐ 개

14

3701 은 ┌ 1000이 ☐ 개
      ├ 100이 ☐ 개
      ├ 10이 ☐ 개
      └ 1이 ☐ 개

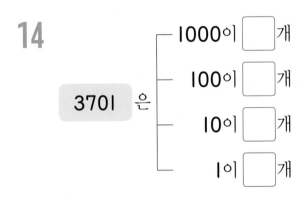

15 1000이 8개
      100이 3개
      10이 4개 이면 ☐
      1이 9개

16 1000이 9개
      100이 0개
      10이 0개 이면 ☐
      1이 8개

[1~6] 네 자리 수의 각 자리 숫자를 빈칸에 써넣으세요.

1 3275 →

천의 자리	백의 자리	십의 자리	일의 자리

2 4139 →

천의 자리	백의 자리	십의 자리	일의 자리

3 5681 →

천의 자리	백의 자리	십의 자리	일의 자리

4 7209 →

천의 자리	백의 자리	십의 자리	일의 자리

5 9562 →

천의 자리	백의 자리	십의 자리	일의 자리

6 8054 →

천의 자리	백의 자리	십의 자리	일의 자리

[7~12] 밑줄 친 숫자가 나타내는 값을 〈 보기 〉와 같이 쓰세요.

〈 보기 〉
2583 → (500)

7 1976 → ( )

8 7824 → ( )

9 3617 → ( )

10 8952 → ( )

11 4103 → ( )

12 6218 → ( )

[1~6] 뛰어 세어 보세요.

1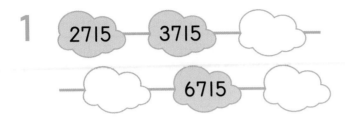

2715 — 3715 — (　) — ; (　) — 6715 — (　)

2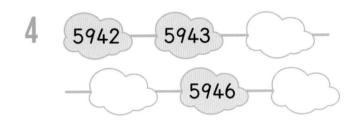

4338 — 4438 — (　) — ; 4638 — (　) — (　)

3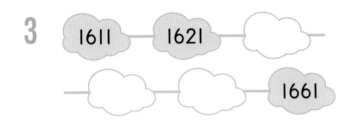

1611 — 1621 — (　) — ; (　) — (　) — 1661

4

5942 — 5943 — (　) — ; (　) — 5946 — (　)

5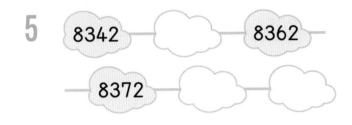

8342 — (　) — 8362 — ; 8372 — (　) — (　)

6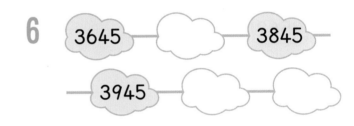

3645 — (　) — 3845 — ; (　) — 3945 — (　)

[7~15] 두 수의 크기를 비교하여 ◯ 안에 > 또는 < 를 알맞게 써넣으세요.

7 5421 ◯ 4948   **8** 7644 ◯ 7911   **9** 4106 ◯ 4016

10 2949 ◯ 2957   **11** 6058 ◯ 6085   **12** 8245 ◯ 8243

13 9073 ◯ 9074   **14** 7999 ◯ 8000   **15** 8751 ◯ 8749

1 수 모형을 보고 ☐ 안에 알맞은 수나 말을 써넣으세요.

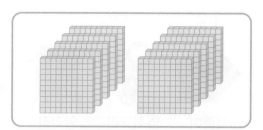

100이 10개이면 ☐ 이고,

☐ 이라고 읽습니다.

2 그림을 보고 모두 얼마인지 쓰세요.

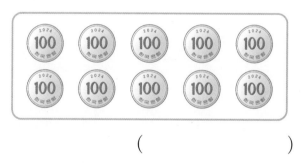

(   )

3 ☐ 안에 알맞은 수를 써넣으세요.

(1)

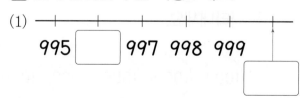

995 ☐ 997 998 999

☐

(2)

950 960 ☐ 980 990

☐

4 수직선을 보고 ☐ 안에 알맞은 수를 써넣으세요.

0 100 200 300 400 500 600 700 800 900 1000

(1) 1000은 800보다 ☐ 만큼 더 큰 수입니다.

(2) ☐ 보다 300만큼 더 큰 수는 1000입니다.

교과역량 콕!

5 왼쪽과 오른쪽을 연결하여 1000이 되도록 이어 보세요.

(1)

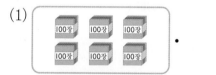 ●

● 300

(2)

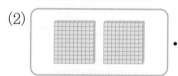 ●

● 800

(3)

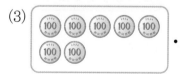 ●

● 400

교과역량 콕!

6 1000을 넣어 문장을 만들어 보세요.

1. 네 자리 수 **05**

[1~2] **알맞은 수를 쓰고, 읽어 보세요.**

1

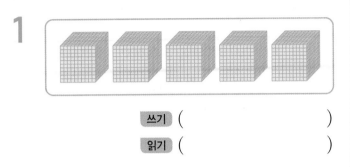

쓰기 ( )

읽기 ( )

2

쓰기 ( )

읽기 ( )

3 친구가 말하는 수를 ☐ 안에 써넣으세요.

(1) 천 모형이 **7**개 있어.

[ ]

(2) 백 모형이 **40**개 있어.

[ ]

(3) 천 모형이 **5**개 있고 백 모형이 **10**개 있어.

[ ]

4 친구의 생일 선물로 **6000**원어치 물건을 사려고 합니다. 생일 선물을 살 수 있는 방법을 한 가지 쓰세요.

색종이 열쇠고리 일기장 양말
1000원 **2000**원 **3000**원 **4000**원

머리핀 곰인형 연필깎이
1000원 **5000**원 **6000**원

방법 _____

_____

_____

5 ⓵ⓞⓞⓞ 과 ⓵ⓞⓞ 을 알맞게 색칠하여 **4000** 을 나타내세요.

(1000)	(1000)	(1000)	(1000)	(1000)
(100)	(100)	(100)	(100)	(100)
(100)	(100)	(100)	(100)	(100)

[1~2] 모형을 보고 ☐ 안에 알맞은 수나 말을 써넣으세요.

1

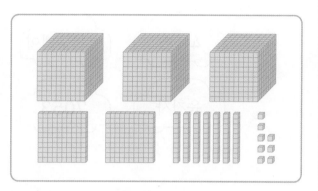

1000이 ☐ 개, 100이 ☐ 개, 10이

☐ 개, 1이 ☐ 개이면, ☐ 이고,

☐ 이라고 읽습니다.

2

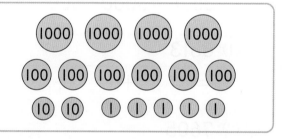

1000이 ☐ 개, 100이 ☐ 개, 10이

☐ 개, 1이 ☐ 개이면, ☐ 이고,

☐ 라고 읽습니다.

3 다음 수를 쓰고, 읽어 보세요.

> 1000이 7개, 100이 2개,
> 10이 5개, 1이 4개인 수

쓰기 ( )

읽기 ( )

4 3015를 ⓐ1000, ⓐ100, ⓐ10, ⓐ1을 이용하여
그림으로 나타내세요.

☐

교과역량 콕!

5 리아가 고른 수 카드를 찾아 색칠해 보세요.

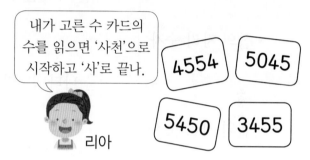

내가 고른 수 카드의
수를 읽으면 '사천'으로
시작하고 '사'로 끝나.

리아

4554   5045

5450   3455

교과역량 콕!

6 수아는 필통과 스케치북을 각각 한 개씩
사고 다음과 같이 돈을 냈습니다. 물음에
답하세요.

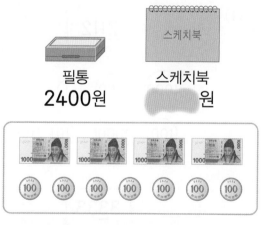

필통
2400원

스케치북
☐ 원

(1) 수아가 낸 돈에서 필통 한 개의 가격
만큼 묶어 보세요.

(2) 스케치북의 가격을 쓰세요.

( )

1 ☐ 안에 알맞은 수를 써넣으세요.

8592

• 천의 자리 숫자: ☐

  → ☐ 을 나타냅니다.

• 백의 자리 숫자: ☐

  → ☐ 을 나타냅니다.

• 십의 자리 숫자: ☐

  → ☐ 을 나타냅니다.

• 일의 자리 숫자: ☐

  → ☐ 를 나타냅니다.

2 밑줄 친 숫자가 나타내는 수만큼 색칠해 보세요.

(1) 2112

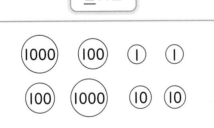

(2) 3333

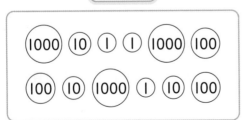

3 백의 자리 숫자가 0인 것을 모두 찾아 색칠해 보세요.

교과역량 콕!

4 〈보기〉와 같이 빈칸에 알맞은 수를 써넣으세요.

〈보기〉
3524 = 3000 + 500 + 20 + 4

(1) 6813

= ☐ + ☐ + ☐ + 3

(2) 7605

= 7000 + ☐ + ☐ + ☐

교과역량 콕!

5 수 카드를 한 번씩만 사용하여 십의 자리 숫자가 50을 나타내는 네 자리 수를 2개 만들어 보세요.

( ), ( )

[1~2] 빈칸에 알맞은 수를 써넣으세요.

1 1000씩 뛰어 세어 보세요.

3527	–	4527	–	5527	–

(빈칸 – 빈칸 – 빈칸)

2 10씩 뛰어 세어 보세요.

8945	–	8955	–	(빈칸)	–

(빈칸 – 빈칸 – 빈칸)

3 정우와 소희가 나눈 대화를 읽고 물음에 답하세요.

- 정우: 2570에서 출발하여 1씩 뛰어 세었어.
- 소희: 2570에서 출발하여 10씩 거꾸로 뛰어 세었어.

(1) 정우의 방법으로 뛰어 세어 보세요.

2570 – (빈칸) – (빈칸) – (빈칸)
– (빈칸) – (빈칸) – (빈칸)

(2) 소희의 방법으로 뛰어 세어 보세요.

2570 – (빈칸) – (빈칸) – (빈칸)
– (빈칸) – (빈칸) – (빈칸)

4 3275부터 10씩 커지는 수를 빈칸에 써넣으세요.

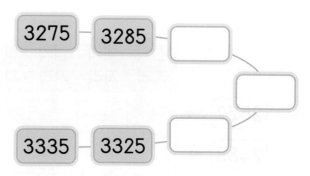

3275	–	3285	–	(빈칸)

(빈칸)

3335	–	3325	–	(빈칸)

교과역량 **쑥!**

5 수에 해당하는 글자를 찾아 숨겨진 낱말을 완성해 보세요.

① 1000씩 뛰어 세어 보세요.

3014	4014	고	김	아	장

② 100씩 뛰어 세어 보세요.

1304	1404	프	치	슴	바

③ 10씩 뛰어 세어 보세요.

4310	4320	도	찌	구	리

④ 1씩 뛰어 세어 보세요.

3105	3106	치	나	개	카

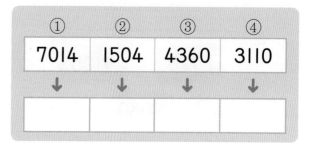

①	②	③	④
7014	1504	4360	3110
↓	↓	↓	↓

1 빈칸에 알맞은 수를 쓰고, 두 수의 크기를 비교하여 ◯ 안에 > 또는 <를 알맞게 써넣으세요.

	천의 자리	백의 자리	십의 자리	일의 자리
2529 →				
2483 →				

2529 ◯ 2483

2 두 수의 크기를 비교하여 ◯ 안에 > 또는 <를 알맞게 써넣으세요.

(1) 4503 ◯ 5430

(2) 6417 ◯ 6399

3 수의 크기를 비교하여 가장 큰 수에 ◯표 하세요.

(1)
5427   5389
5431

(2)
8725   9105
9080

4 수의 크기를 비교하는 방법을 바르게 말한 사람의 이름을 쓰세요.

네 자리 수의 크기를 비교할 때 천의 자리 수가 같으면 백의 자리 수를 비교해야 돼.

네 자리 수의 크기를 비교할 때 일의 자리 수가 같으면 십의 자리 수를 비교해야 돼.

주경   연서

(   )

교과역량 콕!

5 다음 수 카드를 한 번씩만 사용하여 네 자리 수를 만들려고 합니다. 가장 큰 수와 가장 작은 수를 쓰세요.

4   0   7   5

가장 큰 수 (   )
가장 작은 수 (   )

교과역량 콕!

6 ☐ 안에 들어갈 수 있는 수를 모두 찾아 ◯표 하세요.

7624 < 7☐50

1	2	3	4	5
	6	7	8	9

[1~9] ☐ 안에 알맞은 수를 써넣으세요.

1 $2 \times 2 =$ ☐

2 $2 \times 1 =$ ☐

3 $2 \times 4 =$ ☐

4 $2 \times 7 =$ ☐

5 $2 \times 9 =$ ☐

6 $5 \times 1 =$ ☐

7 $5 \times 3 =$ ☐

8 $5 \times 6 =$ ☐

9 $5 \times 2 =$ ☐

2
단원

기
초
력

[10~18] 빈칸에 알맞은 수를 써넣으세요.

10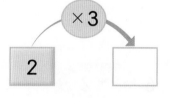

11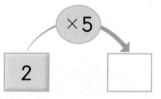

12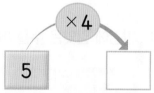

13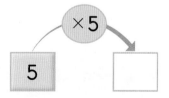

14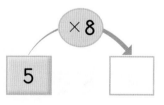

15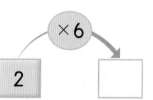

16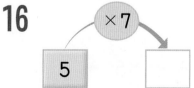

17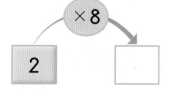

18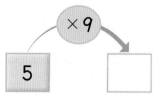

개념책 034쪽 ● 정답 36쪽

[1~9] ☐ 안에 알맞은 수를 써넣으세요.

1 3×4=☐

2 3×2=☐

3 3×9=☐

4 3×6=☐

5 6×1=☐

6 6×4=☐

7 6×9=☐

8 6×7=☐

9 6×8=☐

[10~18] 빈칸에 알맞은 수를 써넣으세요.

10 3 → ×1 → ☐

11 3 → ×3 → ☐

12 6 → ×2 → ☐

13 3 → ×7 → ☐

14 6 → ×6 → ☐

15 6 → ×3 → ☐

16 3 → ×5 → ☐

17 6 → ×8 → ☐

18 6 → ×5 → ☐

[1~9] ☐ 안에 알맞은 수를 써넣으세요.

1 $4 \times 1 = \boxed{}$

2 $4 \times 2 = \boxed{}$

3 $4 \times 8 = \boxed{}$

4 $4 \times 6 = \boxed{}$

5 $4 \times 9 = \boxed{}$

6 $8 \times 3 = \boxed{}$

7 $8 \times 5 = \boxed{}$

8 $8 \times 8 = \boxed{}$

9 $8 \times 9 = \boxed{}$

[10~18] 빈칸에 알맞은 수를 써넣으세요.

10 ⊗→ | 4 | 3 |

11 ⊗→ | 8 | 1 |

12 ⊗→ | 4 | 7 |

13 ⊗→ | 8 | 2 |

14 ⊗→ | 4 | 5 |

15 ⊗→ | 8 | 7 |

16 ⊗→ | 8 | 4 |

17 ⊗→ | 4 | 4 |

18 ⊗→ | 8 | 6 |

개념책 040쪽 ● 정답 36쪽

[1~9] ☐ 안에 알맞은 수를 써넣으세요.

1 $7 \times 1 = \boxed{}$

2 $7 \times 2 = \boxed{}$

3 $7 \times 5 = \boxed{}$

4 $7 \times 8 = \boxed{}$

5 $7 \times 9 = \boxed{}$

6 $9 \times 6 = \boxed{}$

7 $9 \times 2 = \boxed{}$

8 $9 \times 4 = \boxed{}$

9 $9 \times 9 = \boxed{}$

[10~18] 빈칸에 알맞은 수를 써넣으세요.

10 $\boxed{7} - \boxed{\times 3} \rightarrow \boxed{}$

11 $\boxed{9} - \boxed{\times 1} \rightarrow \boxed{}$

12 $\boxed{7} - \boxed{\times 7} \rightarrow \boxed{}$

13 $\boxed{9} - \boxed{\times 5} \rightarrow \boxed{}$

14 $\boxed{7} - \boxed{\times 6} \rightarrow \boxed{}$

15 $\boxed{9} - \boxed{\times 3} \rightarrow \boxed{}$

16 $\boxed{7} - \boxed{\times 4} \rightarrow \boxed{}$

17 $\boxed{9} - \boxed{\times 7} \rightarrow \boxed{}$

18 $\boxed{9} - \boxed{\times 8} \rightarrow \boxed{}$

[1~12] ☐ 안에 알맞은 수를 써넣으세요.

1　$1 \times 5 = \boxed{}$　　**2**　$1 \times 8 = \boxed{}$　　**3**　$1 \times 7 = \boxed{}$

4　$2 \times 1 = \boxed{}$　　**5**　$7 \times 1 = \boxed{}$　　**6**　$5 \times 1 = \boxed{}$

7　$0 \times 3 = \boxed{}$　　**8**　$0 \times 7 = \boxed{}$　　**9**　$0 \times 8 = \boxed{}$

10　$7 \times 0 = \boxed{}$　　**11**　$5 \times 0 = \boxed{}$　　**12**　$9 \times 0 = \boxed{}$

[13~18] 빈칸에 알맞은 수를 써넣으세요.

13 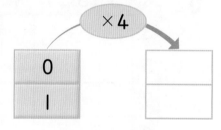　　**14**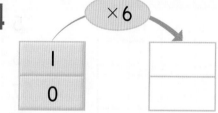

15 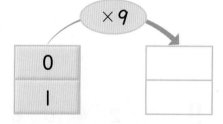　　**16**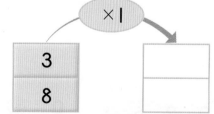

17 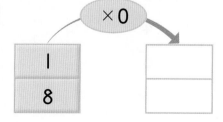　　**18**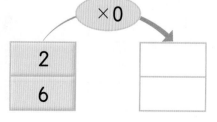

개념책 046쪽 ● 정답 36쪽

[1~3] 곱셈표를 완성하고, ☐ 안에 알맞은 수를 써넣으세요.

1

×	2	3	4	5
2	4	6	8	
3	6	9		15
4	8		16	20
5		15		25

3단 곱셈구구에서는 곱이 ☐씩 커집니다.

2

×	4	5	6	7
4	16		24	28
5	20	25		35
6		30	36	
7	28	35	42	

4단 곱셈구구에서는 곱이 ☐씩 커집니다.

3

×	6	7	8	9
6	36	42		54
7		49	56	
8	48		64	72
9	54	63	72	

7단 곱셈구구에서는 곱이 ☐씩 커집니다.

[4~9] 빈칸에 알맞은 수를 써넣어 곱셈표를 완성해 보세요.

4

×	1	2	3	4
1				
2				
3				
4				

5

×	5	6	7	8
5				
6				
7				
8				

6

×	3	5	7	9
3				
5				
7				
9				

7

×	0	2	6	8
0				
2				
6				
8				

8

×	1	3	5	7
1				
3				
5				
7				

9

×	2	4	6	8
2				
4				
6				
8				

1 ☐ 안에 알맞은 수를 써넣으세요.

$2+2+2+2+2=$ ☐

$2×$ ☐ $=$ ☐

2 ☐ 안에 알맞은 수를 써넣으세요.

(1)

$2×3=$ ☐

(2)

$2×7=$ ☐

3 2단 곱셈구구의 값을 찾아 이어 보세요.

(1) $2×6$ ·   · 10

(2) $2×5$ ·   · 8

(3) $2×4$ ·   · 12

교과역량 콕!

4 ☐ 안에 알맞은 수를 써넣으세요.

 구두 한 켤레를 만들려면 리본이 2개씩 필요해.

같은 구두 **6**켤레를 만들려면

$2×$ ☐ $=$ ☐ 이므로 리본은

모두 ☐ 개가 필요합니다.

교과역량 콕!

5 $2×7$은 $2×4$보다 얼마나 더 큰지 ○를 그려서 나타내고, ☐ 안에 알맞은 수를 써 넣으세요.

$2×4$

$2×7$

$2×4=$ ☐ 입니다.

$2×7$은 $2×4$보다 ☐ 씩 ☐ 묶음

이 더 많으므로 ☐ 만큼 더 큽니다.

1 ☐ 안에 알맞은 수를 써넣으세요.

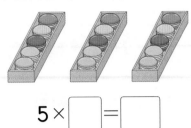

$$5 \times \boxed{} = \boxed{}$$

2 5개씩 묶고, 곱셈식으로 나타내세요.

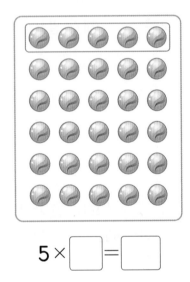

$$5 \times \boxed{} = \boxed{}$$

3 5×8을 계산하는 방법입니다. ☐ 안에 알맞은 수를 써넣으세요.

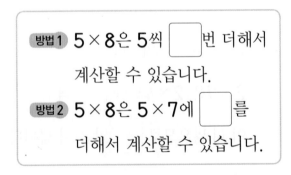

> **방법1** 5×8은 5씩 ☐ 번 더해서 계산할 수 있습니다.
>
> **방법2** 5×8은 5×7에 ☐ 를 더해서 계산할 수 있습니다.

교과역량 콕!

4 지우개 한 개의 길이는 5 cm입니다. 지우개 9개의 길이는 몇 cm일까요?

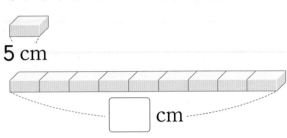

5 cm

$$\boxed{} \text{ cm}$$

교과역량 콕!

5 그림을 보고 ☐ 안에 알맞은 수를 써넣으세요.

(1)

주경

> 귤의 수는 5씩 ☐ 번 더하면 구할 수 있어.

(2)

도율

> 귤의 수는 5×6에 ☐ 를 더해서 구할 수 있어.

(3)
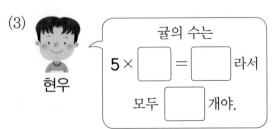
현우

> 귤의 수는 $5 \times \boxed{} = \boxed{}$ 라서 모두 ☐ 개야.

개념책 037쪽 ● 정답 37쪽

1 공깃돌은 모두 몇 개인지 곱셈식으로 나타내세요.

(1)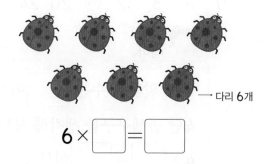

$3 \times \boxed{} = \boxed{}$

(2)

$3 \times \boxed{} = \boxed{}$

(3)

$3 \times \boxed{} = \boxed{}$

2 무당벌레의 다리는 모두 몇 개인지 곱셈식으로 나타내세요.

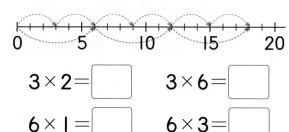

└─ 다리 6개

$6 \times \boxed{} = \boxed{}$

3 수직선을 보고 ☐ 안에 알맞은 수를 써넣으세요.

```
0      5      10      15      20
```

$3 \times 2 = \boxed{}$ $3 \times 6 = \boxed{}$

$6 \times 1 = \boxed{}$ $6 \times 3 = \boxed{}$

4 구슬은 모두 몇 개인지 알아보려고 합니다. 바른 방법을 모두 찾아 기호를 쓰세요.

> ㉠ 3씩 8번 더해서 구합니다.
> ㉡ 3×6에 3을 더해서 구합니다.
> ㉢ 6×4의 곱으로 구합니다.

(   )

[5~6] 그림을 보고 물음에 답하세요.

○○마트

🍓 딸기주스   🍉 수박주스
3병씩 1묶음   3병씩 1묶음

🫐 블루베리주스   🍊 오렌지주스
6병씩 1묶음   6병씩 1묶음

○월 ○일 ○요일   ☀

주호와 ○○마트에 갔다. 주호는 딸기주스 4묶음을 샀다. 내일은 내가 마시고 싶은 주스를 사야겠다.

5 주호가 산 딸기주스는 모두 몇 병일까요?

(   )

6 사고 싶은 과일 주스를 고르고, ☐ 안에 알맞은 수를 써넣으세요.

고른 과일 주스 _____

$\boxed{}$ 묶음 ➡ $\boxed{} \times \boxed{} = \boxed{}$

1 곱셈식을 보고 접시에 ○를 그려 보세요.

$$4 \times 4 = 16$$

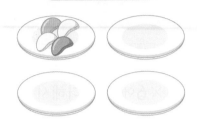

2 배는 모두 몇 개인지 곱셈식으로 나타내세요.

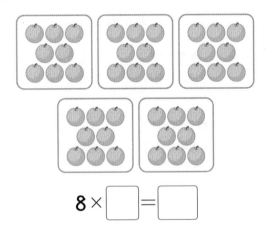

$$8 \times \boxed{} = \boxed{}$$

3 4단 곱셈구구의 값에는 ○표, 8단 곱셈구구의 값에는 △표 하세요.

1	2	3	4	5	6	7
8	9	10	11	12	13	14
15	16	17	18	19	20	21
22	23	24	25	26	27	28
29	30	31	32	33	34	35

교과역량 **콕!**

4 ☐ 안에 알맞은 수를 써넣으세요.

😊 : 막대사탕은 $4 \times \boxed{} = \boxed{}$

이므로 모두 $\boxed{}$ 개야.

😊 : 막대사탕은 $8 \times \boxed{} = \boxed{}$

이므로 모두 $\boxed{}$ 개야.

교과역량 **콕!**

5 ☐ 안에 알맞은 수를 쓰고, 리아와 준호의 생각을 완성해 보세요.

| 0 | 4 | 8 | 12 | ㉠ | 20 | 24 | 28 | ㉡ |

(1) 리아

㉠에 알맞은 수는 $\boxed{}$ 이야.

4단 곱셈구구를 생각해 보면

$4 \times \boxed{} = \boxed{}$ 이므로

㉠에 알맞은 수는 $\boxed{}$ 이야.

(2) 준호

㉡에 알맞은 수는 $\boxed{}$ 야.

8단 곱셈구구를 생각해 보면

_____

_____

1 수직선을 보고 ☐ 안에 알맞은 수를 써넣으세요.

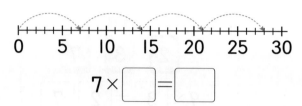

$$7 \times \boxed{} = \boxed{}$$

2 7단 곱셈구구의 값을 찾아 이어 보세요.

(1) 7 × 2 •   • 35

(2) 7 × 5 •   • 14

(3) 7 × 9 •   • 63

3 애벌레가 이동한 거리를 곱셈식으로 나타내세요.

(1) 7 cm 7 cm 7 cm

$$7 \times \boxed{} = \boxed{} \text{(cm)}$$

(2) 7 cm 7 cm 7 cm 7 cm 7 cm 7 cm

$$7 \times \boxed{} = \boxed{} \text{(cm)}$$

4 7단 곱셈구구의 값을 모두 찾아 색칠해 보세요.

72	52	61	34	27
51	35	49	14	43
30	17	58	56	23
53	21	7	63	69
16	4	57	42	50
60	62	54	28	41
15	29	32	22	39

5 단추의 수를 구하는 방법을 **잘못** 말한 사람의 이름을 쓰세요.

현우 단추의 수는 7씩 8번 더하면 구할 수 있어.

연서 단추의 수는 7 × 7에 7을 더해서 구할 수 있어.

미나 단추의 수는 7 × 8 = 65라서 모두 65개야.

(   )

2. 곱셈구구   21

1 과자는 모두 몇 개인지 곱셈식으로 나타내세요.

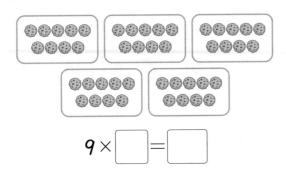

$$9 \times \boxed{} = \boxed{}$$

2 장난감 자동차가 이동한 거리를 곱셈식으로 나타내세요.

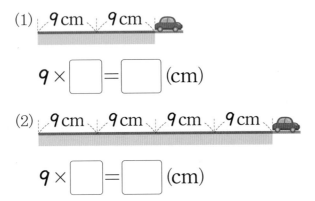

(1) 9 cm 9 cm

$$9 \times \boxed{} = \boxed{} \text{(cm)}$$

(2) 9 cm 9 cm 9 cm 9 cm

$$9 \times \boxed{} = \boxed{} \text{(cm)}$$

3 9단 곱셈구구의 값을 찾아 차례로 이어 보세요.

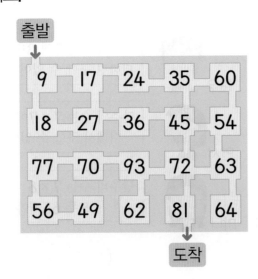

출발

9	17	24	35	60
18	27	36	45	54
77	70	93	72	63
56	49	62	81	64

도착

교과역량 쏙!

4 〈보기〉와 같이 수 카드를 한 번씩만 사용하여 □ 안에 알맞은 수를 써넣으세요.

〈보기〉

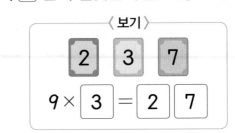

2 3 7

$$9 \times \boxed{3} = \boxed{2}\,\boxed{7}$$

(1)

3 4 6

$$9 \times \boxed{} = \boxed{}\,\boxed{}$$

(2)

2 7 8

$$9 \times \boxed{} = \boxed{}\,\boxed{}$$

교과역량 쏙!

5 우표는 모두 몇 장인지 여러 가지 방법으로 알아보세요.

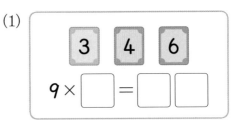

방법1 9씩 3개 있으므로

$$9 \times \boxed{} = \boxed{} \text{입니다.}$$

방법2 _____

_____

개념책 050쪽 ● 정답 38쪽

1 접시에 있는 빵은 모두 몇 개인지 곱셈식으로 나타내세요.

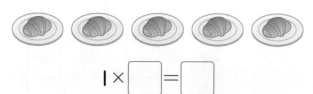

$1 \times \boxed{} = \boxed{}$

2 곱셈을 이용하여 빈칸에 알맞은 수를 써넣으세요.

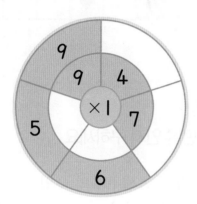

3 조각 케이크는 모두 몇 조각인지 곱셈식으로 나타내세요.

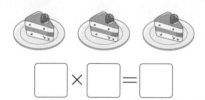

$\boxed{} \times \boxed{} = \boxed{}$

4 고구마는 모두 몇 개인지 곱셈식으로 나타내세요.

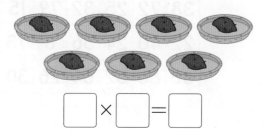

$\boxed{} \times \boxed{} = \boxed{}$

교과역량 콕!

[5~6] 과녁에 화살을 쏘았을 때 맞힌 수만큼 점수를 얻는 놀이를 했습니다. 도율이가 화살을 7번 쏘아서 얻은 점수를 알아보세요.

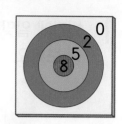

5 빈칸에 알맞은 곱셈식을 쓰세요.

과녁에 적힌 수	맞힌 횟수 (번)	점수(점)
0	3	
2	0	
5	3	$5 \times 3 = 15$
8	1	

6 도율이가 얻은 점수는 모두 몇 점일까요?

(   )

교과역량 콕!

7 미나가 투호 놀이를 했습니다. 항아리에 화살을 넣으면 1점, 넣지 못하면 0점입니다. ☐ 안에 알맞은 수를 써넣으세요.

미나

나는 화살 6개를 넣었고, 4개는 넣지 못했어. 그래서 내 점수는 $\boxed{} \times 6 = \boxed{}$,

$\boxed{} \times 4 = \boxed{}$ 이므로

총 $\boxed{}$ 점이야.

1 빈칸에 알맞은 수를 써넣어 곱셈표를 완성해 보세요.

×	1	2	4	6	8
1				6	8
2					16
4	4		16		
6	6				48
8	8	16		48	

2 곱셈표에서 3 × 8과 곱이 같은 곱셈구구를 쓰세요.

×	3	4	5	6	7	8
3	9	12	15	18	21	24
4	12	16	20	24	28	32
5	15	20	25	30	35	40
6	18	24	30	36	42	48
7	21	28	35	42	49	56
8	24	32	40	48	56	64

☐ × ☐ = ☐

☐ × ☐ = ☐

☐ × ☐ = ☐

3 곱셈표에서 ♥와 곱이 같은 곱셈구구를 찾아 ▲표 하세요.

×	3	4	5	6	7
3					
4					
5					
6					
7	♥				

교과역량 콕!

4 어떤 수인지 구하세요.

- 7단 곱셈구구의 수입니다.
- 짝수입니다.
- 십의 자리 숫자는 40을 나타냅니다.

(   )

교과역량 콕!

5 8단 곱셈구구의 값을 모두 찾아 색칠하고, 완성되는 숫자를 쓰세요.

54	16	63	48	68	60
38	72	25	32	79	15
22	40	24	56	8	73
66	86	52	64	26	30

(   )

개념책 051쪽 ● 정답 39쪽

1 풀 1개의 길이는 8 cm입니다. 풀 2개의 길이는 얼마일까요?

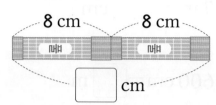

□ cm

2 막대과자 1개의 길이는 6 cm입니다. 막대과자 4개의 길이는 얼마일까요?

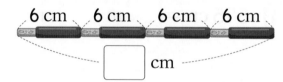

□ cm

3 곰 인형 한 개를 만드는 데 눈을 2개씩 붙여야 합니다. 곰 인형 5개를 만드는 데 필요한 눈은 모두 몇 개일까요?

( )

4 정현이의 나이는 9살입니다. 정현이 할머니의 연세는 정현이 나이의 7배입니다. 정현이 할머니의 연세는 몇 세일까요?

( )

교과역량 콕!
[5~6] **곱셈구구를 이용하여 사탕의 수를 구하세요.**

5

7 × □ 에서 2를 빼면

모두 □ 개야.

6
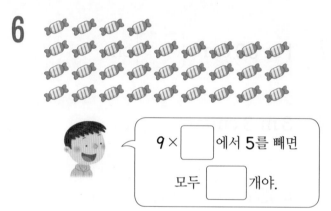

9 × □ 에서 5를 빼면

모두 □ 개야.

교과역량 콕!
[7~8] **가위바위보를 하여 이기면 4점을 얻는 놀이를 했습니다. 물음에 답하세요.**

송이	✌	✌	✋	✊	✊	✌	✊
현서	✋	✊	✋	✋	✌	✋	✌

7 송이가 얻은 점수를 구하세요.

곱셈식 _____

답 _____

8 현서가 얻은 점수를 구하세요.

곱셈식 _____

답 _____

[1~12] ☐ 안에 알맞은 수를 써넣으세요.

1 3 m = ☐ cm

2 7 m = ☐ cm

3 9 m = ☐ cm

4 600 cm = ☐ m

5 800 cm = ☐ m

6 400 cm = ☐ m

7 1 m 60 cm = ☐ cm

8 9 m 45 cm = ☐ cm

9 3 m 8 cm = ☐ cm

10 575 cm = ☐ m ☐ cm

11 405 m = ☐ m ☐ cm

12 814 cm = ☐ m ☐ cm

[13~16] 색 테이프의 길이를 두 가지 방법으로 나타내세요.

13
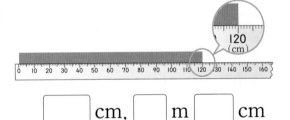

☐ cm, ☐ m ☐ cm

14
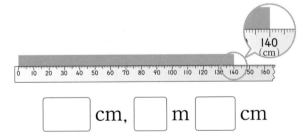

☐ cm, ☐ m ☐ cm

15
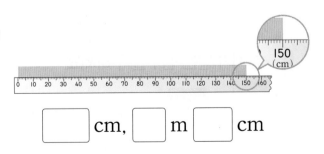

☐ cm, ☐ m ☐ cm

16
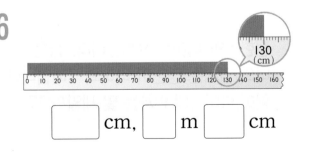

☐ cm, ☐ m ☐ cm

개념책 062쪽 ● 정답 39쪽

[1~8] ☐ 안에 알맞은 수를 써넣으세요.

1 2 m 50 cm + 3 m 10 cm
= ☐ m ☐ cm

2 3 m 25 cm + 1 m 40 cm
= ☐ m ☐ cm

3 7 m 50 cm + 2 m 25 cm
= ☐ m ☐ cm

4 2 m 11 cm + 4 m 13 cm
= ☐ m ☐ cm

5 6 m 30 cm + 1 m 48 cm
= ☐ m ☐ cm

6 4 m 24 cm + 3 m 15 cm
= ☐ m ☐ cm

7 5 m 12 cm + 6 m 45 cm
= ☐ m ☐ cm

8 9 m 52 cm + 4 m 24 cm
= ☐ m ☐ cm

[9~14] 길이의 합을 구하세요.

9
```
    1 m 40 cm
+   3 m 15 cm
```

10
```
    3 m 35 cm
+   2 m 10 cm
```

11
```
    5 m 20 cm
+   2 m 62 cm
```

12
```
    4 m 12 cm
+   3 m  8 cm
```

13
```
    6 m 45 cm
+   3 m 12 cm
```

14
```
    8 m 54 cm
+   4 m 16 cm
```

개념책 068쪽 ● 정답 39쪽

[1~8] ☐ 안에 알맞은 수를 써넣으세요.

1 4 m 60 cm−1 m 30 cm
=☐ m ☐ cm

2 3 m 52 cm−1 m 10 cm
=☐ m ☐ cm

3 5 m 85 cm−3 m 50 cm
=☐ m ☐ cm

4 8 m 75 cm−4 m 25 cm
=☐ m ☐ cm

5 3 m 67 cm−2 m 43 cm
=☐ m ☐ cm

6 5 m 27 cm−1 m 21 cm
=☐ m ☐ cm

7 9 m 87 cm−5 m 32 cm
=☐ m ☐ cm

8 7 m 46 cm−2 m 14 cm
=☐ m ☐ cm

[9~14] 길이의 차를 구해 보세요.

9
  3 m 20 cm
− 1 m 10 cm

10
  5 m 60 cm
− 4 m 10 cm

11
  8 m 75 cm
− 2 m 30 cm

12
  7 m 63 cm
− 4 m 50 cm

13
  5 m 49 cm
− 2 m 28 cm

14
  9 m 86 cm
− 4 m 52 cm

[1~9] 길이가 l m보다 짧은 것에 ○표, 5 m보다 긴 것에 △표 하세요.

1
교과서의
긴 쪽의 길이

( )

2
10층 건물의 높이

( )

3
가위의 길이

( )

4
체육관의
긴 쪽의 길이

( )

5
비행기의 길이

( )

6
숟가락의 길이

( )

7
운동화의
길이

( )

8
어린이 10명이
양팔을 벌린 길이

( )

9
축구장 긴 쪽의
길이

( )

[10~15] 주어진 l m로 끈의 길이를 어림하였습니다. 어림한 끈의 길이를 구하세요.

10 ├───┤ l m

약 □ m

11 ├───┤ l m

약 □ m

12 ├───┤ l m

약 □ m

13 ├───┤ l m

약 □ m

14 ├───┤ l m

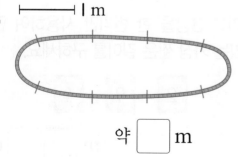

약 □ m

15 ├───┤ l m

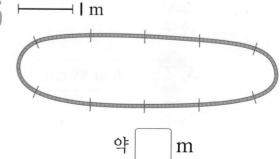

약 □ m

1 길이를 바르게 쓰세요.

5 m

2 같은 길이끼리 이어 보세요.

(1) **407 cm** •   • **4 m 57 cm**

(2) **457 cm** •   • **4 m 70 cm**

(3) **470 cm** •   • **4 m 7 cm**

3 가장 짧은 길이를 말한 사람의 이름을 쓰세요.

주경 8 m 9 cm.

현우 890 cm.

규민 8 m 89 cm.

(   )

교과역량 콕!

4 cm와 m 중 알맞은 단위를 ☐ 안에 써넣으세요.

(1) 색연필의 길이는 약 12 ☐ 입니다.

(2) 식탁의 긴 쪽의 길이는 약 2 ☐ 입니다.

(3) 강당의 짧은 쪽의 길이는 약 30 ☐ 입니다.

(4) 거실 바닥에서 천장까지의 길이는 약 230 ☐ 입니다.

교과역량 콕!

5 밑줄 친 부분이 <u>잘못된</u> 것의 기호를 쓰고, 수를 바르게 고쳐 보세요.

> ㉠ 7 m 7 cm는 <u>77</u> cm로 나타낼 수 있습니다.
> ㉡ 7 m 35 cm는 <u>735</u> cm로 나타낼 수 있습니다.

기호 (   )

바르게 고치기 (   )

교과역량 콕!

6 수 카드 3장을 한 번씩만 사용하여 만들 수 있는 가장 짧은 길이를 구하세요.

[2] [9] [4]

☐ m ☐ ☐ cm

1 소파의 긴 쪽의 길이를 재는 데 알맞은 자에 ○표 하세요.

(   )

(   )

2 ☐ 안에 알맞은 수를 써넣으세요.

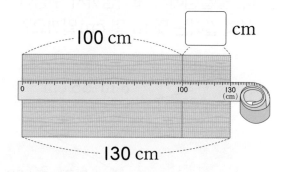

☐ cm

100 cm

130 cm

3 침대의 긴 쪽의 길이를 두 가지 방법으로 나타내세요.

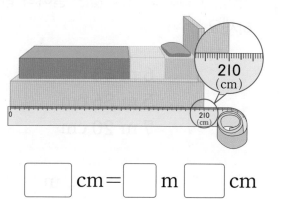

☐ cm = ☐ m ☐ cm

4 한 줄로 놓인 물건들의 길이를 자로 재었습니다. 전체 길이는 몇 m 몇 cm일까요?

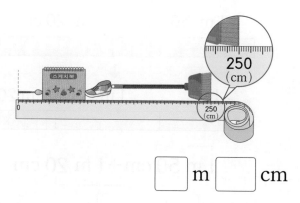

☐ m ☐ cm

교과역량 콕!

5 액자의 길이를 줄자로 재었습니다. 길이 재기가 잘못된 이유를 쓰세요.

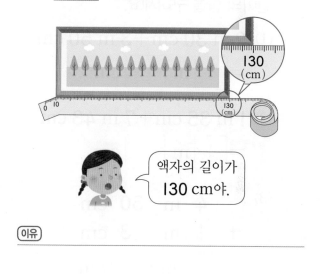

액자의 길이가 130 cm야.

이유

교과역량 콕!

6 1 m보다 긴 물건을 자로 재고, 두 가지 방법으로 길이를 나타내세요.

물건	☐ cm	☐ m ☐ cm
우산	115 cm	1 m 15 cm
식탁 긴 쪽		
칠판 긴 쪽		

개념책 066쪽 ● 정답 40쪽

1 그림을 보고 ☐ 안에 알맞은 수를 써넣으세요.

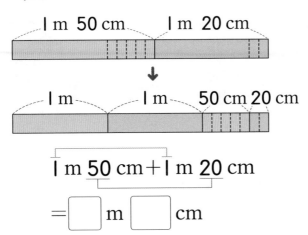

1 m 50 cm + 1 m 20 cm

= ☐ m ☐ cm

2 길이의 합을 구하세요.

(1) 2 m 30 cm + 3 m 50 cm

= ☐ m ☐ cm

(2) 1 m 35 cm + 7 m 43 cm

= ☐ m ☐ cm

(3)
```
    4 m  50 cm
+   1 m   3 cm
────────────────
  ☐ m  ☐ cm
```

3 ☐ 안에 알맞은 수를 써넣으세요.

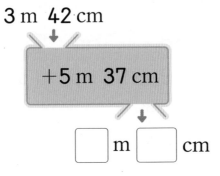

☐ m ☐ cm

4 두 색 테이프의 길이의 합을 구하세요.

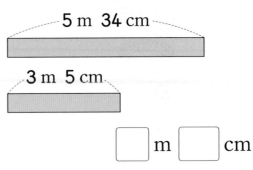

☐ m ☐ cm

교과역량 콕!

5 주경이가 막대로 운동장에 선을 그렸습니다. 출발점에서 도착점까지 주경이가 그린 선의 길이는 몇 m 몇 cm일까요?

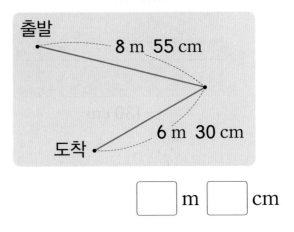

☐ m ☐ cm

교과역량 콕!

6 가장 긴 길이와 가장 짧은 길이의 합을 구하세요.

6 m 43 cm
5 m 36 cm
7 m 20 cm

☐ m ☐ cm

1 그림을 보고 ☐ 안에 알맞은 수를 써넣으세요.

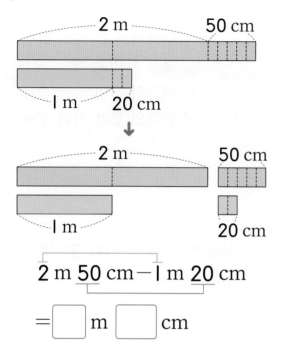

$$2\text{ m }50\text{ cm}-1\text{ m }20\text{ cm}$$

= ☐ m ☐ cm

2 길이의 차를 구하세요.

(1) 6 m 54 cm − 2 m 32 cm

= ☐ m ☐ cm

(2)
```
    8  m   48  cm
 −  5  m    5  cm
 ─────────────────
   ☐  m   ☐  cm
```

3 ☐ 안에 알맞은 수를 써넣으세요.

4 m 65 cm

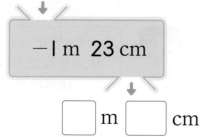

−1 m 23 cm

☐ m ☐ cm

4 서현이는 6 m 64 cm인 털실을 가지고 있고, 은하는 4 m 13 cm인 털실을 가지고 있습니다. 두 사람이 가지고 있는 털실의 길이의 차를 구하세요.

6 m 64 cm

4 m 13 cm

☐ m ☐ cm

5 정우와 영호가 공 던지기를 하였습니다. 정우는 5 m 58 cm를 던졌고, 영호는 4 m 34 cm를 던졌습니다. 누가 얼마나 더 멀리 던졌을까요?

☐ 가 ☐ m ☐ cm

더 멀리 던졌습니다.

교과역량 **콕!**

6 주어진 수 카드 3장을 한 번씩만 사용하여 8 m 56 cm와 1 m 5 cm의 차보다 긴 길이를 만들어 보세요.

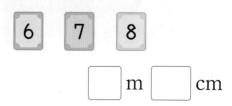

☐ m ☐ cm

1 현우가 양팔을 벌린 길이가 약 1 m일 때 TV의 길이는 약 몇 m일까요?

약 [ ] m

2 수현이 동생의 키가 약 1 m일 때 기린의 키는 약 몇 m일까요?

약 [ ] m

3 은지의 두 걸음이 1 m라면 책장의 긴 쪽의 길이는 약 몇 m일까요?

약 [ ] m

4 길이가 1 m보다 긴 것을 모두 찾아 기호를 쓰세요.

> ㉠ 수학책의 긴 쪽의 길이
> ㉡ 교실 문의 높이
> ㉢ 버스의 길이
> ㉣ 달력의 짧은 쪽의 길이

( )

5 길이에 맞는 여러 가지 물건을 어림하여 2가지씩 쓰세요.

길이	찾은 물건
약 1 m	
약 5 m	

교과역량 콕!

6 긴 길이를 어림한 사람부터 순서대로 이름을 쓰세요.

내 양팔을 벌린 길이가 약 1 m인데 3번 잰 길이가 거실장의 길이와 같았어.

도율

내 두 걸음이 약 1 m인데 트럭의 길이가 8걸음과 같았어.

미나

내 8뼘이 약 1 m인데 내 책상의 긴 쪽의 길이가 16뼘과 같았어.

현우

( )

1 길이가 1 m인 끈으로 긴 나무판자의 길이를 어림하였습니다. 나무판자의 길이는 약 몇 m일까요?

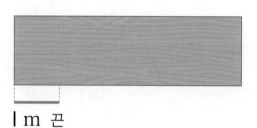

1 m 끈

약 [ ] m

2 길이가 1 m인 색 테이프로 벽의 긴 쪽의 길이를 어림하였습니다. 벽의 긴 쪽의 길이는 약 몇 m일까요?

→ 벽

→ 색 테이프

1 m

약 [ ] m

3 알맞은 길이를 골라 문장을 완성해 보세요.

| 1 m | 3 m | 30 m |

(1) 지팡이의 길이는 약 [ ] 입니다.

(2) 승용차의 길이는 약 [ ] 입니다.

(3) 농구장의 긴 쪽의 길이는 약 [ ] 입니다.

4 수영장의 길이는 약 몇 m일까요?

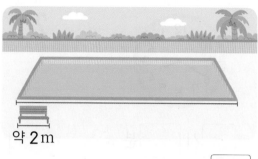

약 2 m

약 [ ] m

5 길이가 20 m보다 긴 것을 모두 찾아 기호를 쓰세요.

ㄱ 축구장 긴 쪽의 길이
ㄴ 연필 20자루를 이어 놓은 길이
ㄷ 초등학교 2학년 학생이 100걸음을 걸은 거리

( )

교과역량 쏙!

6 〈보기〉를 보고 표지판과 표지판 사이의 거리를 구하세요.

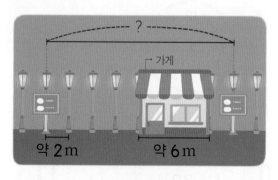

?

가게

약 2 m   약 6 m

〈보기〉
• 가게의 길이: 약 6 m
• 가로등 사이의 길이: 약 2 m

약 [ ] m

[1~6] 시각을 쓰세요.

1

□시 □분

2

□시 □분

3

□시 □분

4

□시 □분

5

□시 □분

6

□시 □분

[7~12] 시각에 맞게 긴바늘을 그려 넣으세요.

7 | 10시 20분 |

8 | 2시 45분 |

9 | 6시 15분 |

10 | 1시 32분 |

11 | 8시 18분 |

12 | 11시 27분 |

개념책 086쪽 ● 정답 41쪽

[1~6] **시각을 쓰세요.**

1

◻시 ◻분 전

2

◻시 ◻분 전

3

◻시 ◻분 전

4

◻시 ◻분 전

5

◻시 ◻분 전

6

◻시 ◻분 전

[7~12] **시각에 맞게 긴바늘을 그려 넣으세요.**

7 2시 10분 전

8 10시 5분 전

9 5시 15분 전

10 4시 10분 전

11 7시 5분 전

12 9시 15분 전

[1~8] ☐ 안에 알맞은 수를 써넣으세요.

1 1시간 20분=☐분

2 3시간=☐분

3 1시간 43분=☐분

4 3시간 18분=☐분

5 100분=☐시간 ☐분

6 90분=☐시간 ☐분

7 75분=☐시간 ☐분

8 125분=☐시간 ☐분

[9~12] 두 시계를 보고 시간이 얼마나 흘렀는지 시간 띠에 색칠하고, 흐른 시간을 구하세요.

9
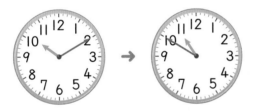

| 10시 | 10분 | 20분 | 30분 | 40분 | 50분 | 11시 |

☐분

10

3시 10분 20분 30분 40분 50분 4시 10분 20분 30분 40분 50분 5시

☐분

11
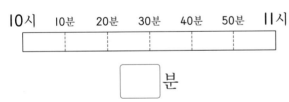

8시 10분 20분 30분 40분 50분 9시 10분 20분 30분 40분 50분 10시

☐시간 ☐분

12
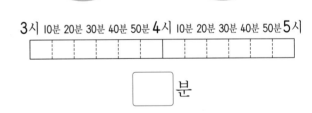

5시 10분 20분 30분 40분 50분 6시 10분 20분 30분 40분 50분 7시

☐시간 ☐분

[1~6] ☐ 안에 알맞은 수를 써넣으세요.

1 2일 = ☐ 시간

2 50시간 = ☐ 일 ☐ 시간

3 1일 5시간 = ☐ 시간

4 75시간 = ☐ 일 ☐ 시간

5 3일 8시간 = ☐ 시간

6 100시간 = ☐ 일 ☐ 시간

[7~10] 두 시계를 보고 시간이 얼마나 흘렀는지 시간 띠에 색칠하고, 흐른 시간을 구하세요.

7
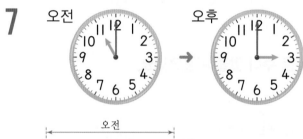
☐ 시간

8
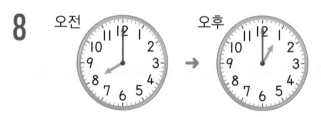
☐ 시간

9
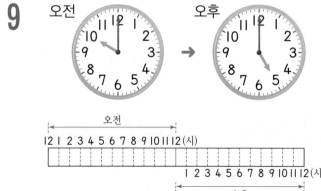
☐ 시간

10
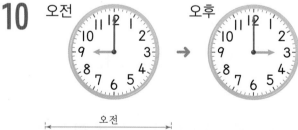
☐ 시간

[1~8] ☐ 안에 알맞은 수를 써넣으세요.

1 1주일은 ☐ 일입니다.

2 3주일은 ☐ 일입니다.

3 14일은 ☐ 주일입니다.

4 28일은 ☐ 주일입니다.

5 2년은 ☐ 개월입니다.

6 1년 9개월은 ☐ 개월입니다.

7 16개월은 ☐ 년 ☐ 개월입니다.

8 25개월은 ☐ 년 ☐ 개월입니다.

[9~14] 어느 해의 6월 달력입니다. 달력을 보고 ☐ 안에 알맞은 수나 말을 써넣으세요.

6월

일	월	화	수	목	금	토
				1	2	3
4	5	6 현충일	7	8	9	10
11	12	13	14	15	16	17
18	19	20	21	22	23	24
25	26	27	28	29	30	

9 이달의 토요일은 3일, ☐ 일, ☐ 일, ☐ 일입니다.

10 이달의 수요일은 ☐ 일, ☐ 일, ☐ 일, ☐ 일입니다.

11 이달에는 월요일이 ☐ 번 있습니다.

12 달력에서 같은 요일은 ☐ 일마다 반복됩니다.

13 6월 6일은 ☐ 요일입니다.

14 현충일로부터 1주일 후는 ☐ 일입니다.

1 시계에서 각각의 숫자가 몇 분을 나타내는지 써넣으세요.

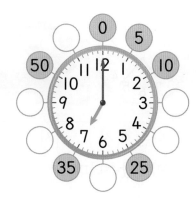

2 시계를 보고 ☐ 안에 알맞은 수를 써넣으세요.

(1) 짧은바늘은 **8**과 **9** 사이에 있고, 긴바늘은 ☐를 가리키고 있습니다.

(2) 시계가 나타내는 시각은 ☐시 ☐분입니다.

3 시계를 보고 몇 시 몇 분인지 쓰세요.

(1) 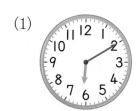  ☐시 ☐분

(2)   ☐시 ☐분

4 읽은 시각이 맞으면 →, 틀리면 ↓로 가서 만나는 친구의 이름을 쓰세요.

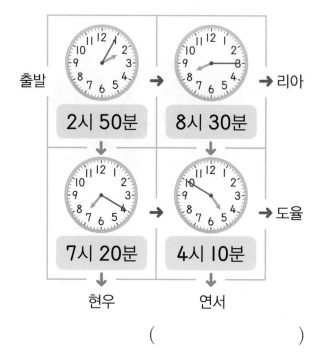

( )

교과역량 **쿡!**

5 미나가 시각을 잘못 읽은 부분을 찾아 바르게 고쳐 보세요.

바르게 고치기

_____

_____

4. 시각과 시간 **41**

개념책 089쪽 ● 정답 42쪽

1 시계를 보고 빈칸에 몇 분을 나타내는지 써넣으세요.

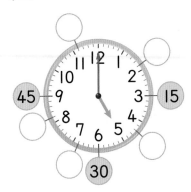

2 같은 시각을 나타낸 것끼리 이어 보세요.

(1)  · · 2:36

· 5:51

(2)  · · 7:13

3 시계를 보고 몇 시 몇 분인지 쓰세요.

(1) 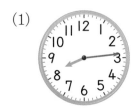 ☐ 시 ☐ 분

(2) 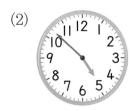 ☐ 시 ☐ 분

교과역량 콕!

4 몇 시 몇 분을 쓰고 무엇을 하는지 이야기 해 보세요.

(1)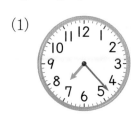

나는 아침 ☐ 시 ☐ 분에 일어났습니다.

(2)

나는 낮 ☐ 시 ☐ 분에 놀이터에서 놀았습니다.

교과역량 콕!

5 ☐ 안에 1부터 4까지 수 중에서 써넣고, 두 사람이 본 시계의 시각을 쓰세요.

짧은바늘은 9와 10 사이를 가리키고 있어.

긴바늘은 3에서 작은 눈금 ☐ 칸을 더 간 곳을 가리키고 있어.

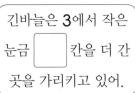

☐ 시 ☐ 분

1 여러 가지 방법으로 오른쪽 시계의 시각을 쓰세요.

(1) 시계가 나타내는 시각은
☐ 시 ☐ 분입니다.

(2) **5**시가 되려면 ☐ 분이 더 지나야 합니다.

(3) 이 시각은 ☐ 시 ☐ 분 전입니다.

2 ☐ 안에 알맞은 수를 써넣으세요.

(1) **3**시 **55**분은 **4**시 ☐ 분 전입니다.

(2) **9**시 **10**분 전은 ☐ 시 ☐ 분입니다.

3 같은 시각을 나타낸 것끼리 이어 보세요.

(1)

(2)

·
·

6:50   9:55

·
·

10시 5분 전   7시 10분 전

4 설명에 맞게 긴바늘을 그려 넣으세요.

4시 10분 전을 그려 봐야지.

교과역량 콕!

5 시계를 보고 ☐ 안에 알맞은 수를 써넣으세요.

(1)
벌써 6시 50분인가?
아니야! 6시 ☐ 분 전이야.

(2)
벌써 11시 10분 전인가?
아니야! 10시 ☐ 분이야.

(3)
벌써 3시 55분인가?
아니야! 3시 ☐ 분 전이야.

1 ☐ 안에 알맞은 수를 써넣으세요.

(1) 1시간은 ☐ 분입니다.

(2) 60분은 ☐ 시간입니다.

2 책을 읽는 데 걸린 시간을 시간 띠에 색칠하고, 구하세요.

| 시작한 시각 | 끝난 시각 |

4시 10분 20분 30분 40분 50분 5시 10분 20분 30분 40분 50분 6시

책을 읽는 데 걸린 시간은

☐ (분 , 시간)입니다.

3 자전거 타기를 60분 동안 했습니다. 자전거를 타기 시작한 시각을 보고 끝난 시각을 나타내세요.

| 시작한 시각 | 끝난 시각 |

4 미나는 1시간 동안 그림 그리기를 하기로 했습니다. 시계를 보고 몇 분 더 그려야 하는지 구하세요.

더 그려야 하는 시간: ☐ 분

교과역량 콕!

5 시계가 멈춰서 현재 시각으로 맞추려고 합니다. 긴바늘을 몇 바퀴만 돌리면 되는지 구하세요.

| 멈춘 시계 | 현재 시각 |

 **10:30**

긴바늘을 ☐ 바퀴만 돌리면 됩니다.

교과역량 콕!

6 동우는 30분씩 4가지 운동을 체험했습니다. 운동 체험이 끝난 시각을 나타내고, 걸린 시간을 구하세요.

| 시작한 시각 | 끝난 시각 |

( )

1 ☐ 안에 알맞은 수를 써넣으세요.

(1) 100분=☐시간☐분

(2) 1시간 50분=☐분

2 기차를 타고 이동하는 데 걸린 시간을 구하세요.

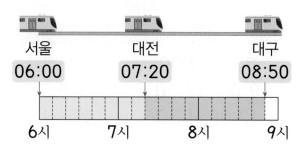

서울 06:00　대전 07:20　대구 08:50

6시　7시　8시　9시

(1) 서울에서 대전까지:

☐시간☐분=☐분

(2) 대전에서 대구까지:

☐시간☐분=☐분

3 걸린 시간이 같은 것끼리 이어 보세요.

(1) 자전거 타기 1:00~1:40 ・ ・ 45분

(2) 농구 하기 4:30~5:30 ・ ・ 40분

(3) 책 읽기 2:00~2:45 ・ ・ 1시간

교과역량 콕!

[4~5] 윤지와 시후가 미술관 관람을 시작한 시각과 마친 시각을 나타낸 표입니다. 물음에 답하세요.

	윤지	시후
시작한 시각	9시 20분	9시 40분
마친 시각	10시 50분	11시
관람 시간		

4 관람한 시간을 표에 나타내세요.

5 관람을 더 오래 한 사람의 이름을 쓰세요.

(　　　)

교과역량 콕!

6 공연장에서 보낸 시간을 구하세요.

공연 시간표
1부: 3:00~4:20
쉬는 시간: 20분
2부: 4:40~5:50

(1) 공연장에서 보낸 시간을 시간 띠에 색칠해 보세요.

3시 10분 20분 30분 40분 50분 4시 10분 20분 30분 40분 50분 5시 10분 20분 30분 40분 50분 6시

(2) 공연장에서 보낸 시간은 ☐시간☐분입니다.

개념책 099쪽 ● 정답 43쪽

1 ☐ 안에 알맞은 수를 써넣으세요.

(1) 2일=☐시간

(2) 32시간=☐일 ☐시간

2 오전과 오후를 알맞게 쓰세요.

(1) 낮 1시 ( )

(2) 아침 9시 ( )

(3) 새벽 3시 ( )

(4) 밤 10시 ( )

3 수현이네 가족이 동물원에 있었던 시간을 시간 띠에 색칠하고, 구하세요.

들어간 시각   나온 시각

수현이네 가족이 동물원에 있었던 시간은 ☐시간입니다.

[4~5] 우주네 가족의 1박 2일 가족 여행 일정표를 보고 물음에 답하세요.

첫날

시간	일정
9:00~11:00	숙소로 이동
11:00~12:00	바닷가 산책하기
12:00~1:00	점심 식사
1:00~3:00	수영
⋮	⋮

다음날

시간	일정
8:00~9:00	아침 식사
9:00~12:00	박물관 관람
12:00~1:30	점심 식사
⋮	⋮
6:00~8:00	집으로 이동

교과역량 콕!

4 바르게 말한 사람의 이름을 쓰세요.

리아: 첫날 오후에 바닷가 산책을 했어.
현우: 다음날 오전에 박물관 관람을 했어.

( )

교과역량 콕!

5 우주네 가족이 가족 여행을 다녀오는 데 걸린 시간을 구하세요.

첫날 출발한 시각   다음날 도착한 시각

오전 **9:00**   오후 **8:00**

( )

개념책 100쪽 ● 정답 44쪽

1 ☐ 안에 알맞은 수를 써넣으세요.

(1) 2주일 = ☐ 일

(2) 3년 = ☐ 개월

[2~3] 어느 해의 8월 달력을 보고 물음에 답하세요.

8월

일	월	화	수	목	금	토
		1	2	3	4	5
6	7	8	9	10	11	⑫ 준우 생일
13	14	15 광복절	16	17	18	19
20	㉑ 미나 생일	22	23	24	25	26
27	28	29	30	31		

2 ☐ 안에 알맞은 수를 써넣으세요.

(1) 일요일은 ☐ 번 있습니다.

(2) 8월 15일 광복절은 ☐ 요일입니다.

3 달력을 보고 규민이와 연서의 생일을 쓰세요.

내 생일은 미나 생일 1주일 전인 ☐ 월 ☐ 일이야.

규민

내 생일은 준우 생일 3주일 후인 ☐ 월 ☐ 일이야.

연서

4 표를 완성하세요.

월	1	2	3	4	5	6
날수(일)	31	28			31	
월	7	8	9	10	11	12
날수(일)			30	31		

 교과역량 쏙!

[5~7] 어느 해의 4월 달력을 보고 물음에 답하세요.

4월

일	월	화	수	목	금	토
						3
4	5	6			9	10
		13	14	15		
	19	20			23	24
25	26					

5 달력을 완성해 보세요.

6 대화를 읽고 소풍 가는 날을 찾아 달력에 ○ 표 하세요.

🧑 : 리야야, 첫째 목요일에 소풍 가는 거야?

👧 : 아니야. 넷째 금요일에 가기로 했어.

7 4월 22일부터 4월 30일까지 전시회를 열기로 했습니다. 전시회를 하는 기간은 며칠일까요?

( )

[1~4] 자료를 보고 표로 나타내세요.

1

좋아하는 과일

딸기	귤	딸기	포도	귤
귤	딸기	귤	딸기	포도
딸기	귤	포도	딸기	딸기
포도	포도	딸기	귤	딸기

좋아하는 과일별 학생 수

과일	딸기	귤	포도	합계
학생 수 (명)				

2

좋아하는 동물

토끼	고양이	강아지	토끼	고양이
고양이	토끼	토끼	강아지	강아지
강아지	고양이	강아지	강아지	토끼
토끼	강아지	고양이	고양이	강아지

좋아하는 동물별 학생 수

동물	토끼	고양이	강아지	합계
학생 수 (명)				

3

좋아하는 책의 종류

이름	책	이름	책
태상	위인전	진만	그림책
수연	그림책	혜영	그림책
용국	동화책	미선	동화책
민솔	동화책	경석	그림책
혜림	위인전	주하	위인전

좋아하는 책의 종류별 학생 수

책	위인전	그림책	동화책	합계
학생 수 (명)				

4

필요한 학용품

이름	학용품	이름	학용품
영아	필통	우준	연필
현주	연필	성재	지우개
서진	필통	민종	연필
유정	지우개	경훈	필통
형식	연필	지연	필통

필요한 학용품별 학생 수

학용품	필통	연필	지우개	합계
학생 수 (명)				

[1~2] 표를 보고 ○를 이용하여 그래프로 나타내세요.

1

좋아하는 운동별 학생 수

운동	야구	축구	농구	합계
학생 수(명)	4	6	5	15

좋아하는 운동별 학생 수

학생 수(명) / 운동	야구	축구	농구
6			
5			
4	○		
3	○		
2	○		
1	○		

2

좋아하는 주스별 학생 수

주스	포도	사과	오렌지	합계
학생 수(명)	5	4	6	15

좋아하는 주스별 학생 수

학생 수(명) / 주스	포도	사과	오렌지
6			
5	○		
4	○		
3	○		
2	○		
1	○		

[3~4] 표를 보고 ×를 이용하여 그래프로 나타내세요.

3

마을별 학생 수

마을	달빛	별빛	햇빛	은빛	합계
학생 수(명)	3	7	6	5	21

마을별 학생 수

학생 수(명) / 마을	달빛	별빛	햇빛	은빛
7				
6				
5				
4				
3	×			
2	×			
1	×			

4

장래 희망별 학생 수

장래 희망	가수	의사	선생님	과학자	합계
학생 수(명)	6	7	5	2	20

장래 희망별 학생 수

학생 수(명) / 장래 희망	가수	의사	선생님	과학자
7				
6	×			
5	×			
4	×			
3	×			
2	×			
1	×			

[1~4] 수정이네 반 학생들의 등교 방법을 조사하여 표로 나타냈습니다. ☐ 안에 알맞은 수나 말을 써넣으세요.

수정이네 반 학생들의 등교 방법별 학생 수

등교 방법	도보	자전거	자가용	버스	지하철	합계
학생 수(명)	8	4	6	3	2	23

1 수정이네 반 학생은 모두 ☐ 명 입니다.

2 자전거로 등교하는 학생은 ☐ 명 입니다.

3 가장 많은 학생들의 등교 방법은 ☐ 입니다.

4 가장 적은 학생들의 등교 방법은 ☐ 입니다.

[5~8] 준서네 반 학생들이 놀이터에서 좋아하는 놀이 기구를 조사하여 그래프로 나타냈습니다. ☐ 안에 알맞은 말을 써넣으세요.

준서네 반 학생들이 좋아하는 놀이 기구별 학생 수

정글짐	○	○	○	○					
시소	○	○	○						
그네	○	○	○	○	○	○	○		
미끄럼틀	○	○	○	○	○	○	○	○	○
놀이 기구 학생 수(명)	1	2	3	4	5	6	7	8	9

5 가장 많은 학생들이 좋아하는 놀이 기구는 ☐ 입니다.

6 두 번째로 많은 학생들이 좋아하는 놀이 기구는 ☐ 입니다.

7 가장 적은 학생들이 좋아하는 놀이 기구는 ☐ 입니다.

8 5명보다 적은 학생들이 좋아하는 놀이 기구는 ☐ , ☐ 입니다.

[1~3] 송이네 반 학생들이 좋아하는 동물을 알아 보았습니다. 물음에 답하세요.

1 송이가 좋아하는 동물은 무엇일까요?

( )

2 송이네 반 학생은 모두 몇 명일까요?

( )

3 자료를 보고 표로 나타내세요.

송이네 반 학생들이 좋아하는 동물별 학생 수

동물	고양이	강아지	햄스터	카멜레온	합계
학생 수(명)					

4 그림에 있는 곤충의 수를 표로 나타내세요.

그림에 있는 곤충 수

곤충	나비	벌	사슴벌레	무당벌레	합계
곤충 수 (마리)					

교과역량 콕!

[5~6] 미나네 모둠이 가지고 있는 구슬을 보고 물음에 답하세요.

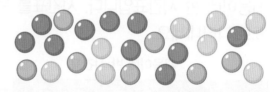

5 미나네 모둠이 가지고 있는 구슬의 수를 표로 나타내세요.

미나네 모둠이 가지고 있는 색깔별 구슬 수

색깔	빨간색	노란색	파란색	합계
구슬 수 (개)				

6 위 5의 표를 보고 이야기를 완성해 보세요.

처음에 색깔별로 10개씩 있었어.

노란색 ☐ 개, 파란색 ☐ 개가 없어졌네.

1 자료를 조사하여 표로 나타내는 순서대로 기호를 쓰세요.

> ㉠ 표로 나타내기
> ㉡ 조사할 방법을 정하기
> ㉢ 무엇을 조사할지 정하기
> ㉣ 자료를 조사하기

㉢ → ☐ → ☐ → ☐

2 지웅이네 반 시간표입니다. 시간표를 보고 표로 나타내세요.

지웅이네 반 시간표

	월	화	수	목	금
1교시	국어	국어	국어	국어	수학
2교시	국어	수학	통합	수학	국어
3교시	수학	통합	통합	통합	통합
4교시	통합	통합	창체	통합	창체
5교시		창체	통합	창체	

지웅이네 반 시간표 과목별 수업 수

과목	국어	수학	통합	창체	합계
수업 수 (회)					

교과역량 콕!

[3~5] 조각을 사용하여 올빼미 모양을 만들었습니다. 모양을 보고 물음에 답하세요.

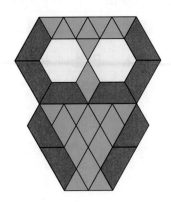

3 모양을 만드는 데 사용한 조각 수를 표로 나타내세요.

모양을 만드는 데 사용한 조각 수

조각	⬡	▱	◇	△	합계
조각 수(개)					

4 사용한 조각은 모두 몇 개일까요?

( )

5 가장 많이 사용한 조각에 ○표 하세요.

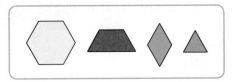

[1-3] 서아네 반 학생들의 혈액형을 조사하였습니다. 물음에 답하세요.

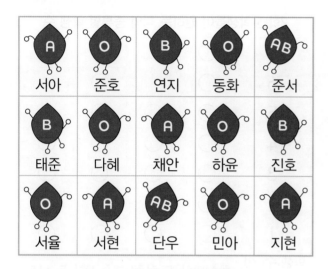

1 자료를 보고 표로 나타내세요.

서아네 반 학생들의 혈액형별 학생 수

혈액형	A	B	O	AB	합계
학생 수(명)					

2 자료를 보고 그래프로 나타내는 순서를 기호로 쓰세요.

> ㉠ 가로와 세로에 무엇을 쓸지 정하기
> ㉡ 조사한 자료를 살펴보기
> ㉢ 혈액형별 학생 수를 ○로 표시하기
> ㉣ 가로와 세로를 각각 몇 칸으로 할지 정하기

㉡ → ☐ → ☐ → ☐

3 조사한 자료를 보고 ○를 이용하여 그래프로 나타내고, 그래프의 세로에 나타낸 것을 쓰세요.

서아네 반 학생들의 혈액형별 학생 수

6				
5				
4				
3				
2				
1				
학생 수(명) 혈액형	A	B	O	AB

세로에 나타낸 것: ☐

4 정우네 반 학생들이 좋아하는 우유의 종류를 조사하여 나타낸 표를 보고 /를 이용하여 그래프로 나타내세요.

정우네 반 학생들이 좋아하는 우유 종류별 학생 수

종류	흰 우유	초코 우유	바나나 우유	딸기 우유	합계
학생 수(명)	3	7	6	4	20

정우네 반 학생들이 좋아하는 우유 종류별 학생 수

딸기우유							
바나나우유							
초코우유							
흰 우유							
종류 학생 수(명)	1	2	3	4	5	6	7

[1~3] 좋아하는 모자 색깔을 조사하여 표로 나타내었습니다. 물음에 답하세요.

지우네 반 학생들이 좋아하는 모자 색깔별 학생 수

색깔	빨강	파랑	노랑	초록	보라	합계
학생 수(명)	4	7	5	4	3	23

선호네 반 학생들이 좋아하는 모자 색깔별 학생 수

색깔	빨강	파랑	노랑	초록	보라	합계
학생 수(명)	2	4	9	2	5	22

1 지우네 반 학생들이 가장 좋아하는 색깔은 무엇일까요?

( )

2 선호네 반 학생들 중 노란색을 좋아하는 학생은 몇 명일까요?

( )

3 지우네 반과 선호네 반의 모자 색깔을 정해 보고, 그 이유를 쓰세요.

지우네 반
_____

선호네 반
_____

이유
_____

[4~6] 2학년 학생들이 원하는 책의 종류를 조사하여 그래프로 나타내었습니다. 물음에 답하세요.

2학년 학생들이 원하는 책의 종류별 학생 수

7	○			
6	○		○	
5	○	○	○	
4	○	○	○	○
3	○	○	○	○
2	○	○	○	○
1	○	○	○	○
학생 수(명) 종류	학습 만화	동화책	과학 잡지	동시집

4 가장 많은 학생들이 원하는 책의 종류는 무엇일까요?

( )

5 5명보다 많은 학생들이 선택한 책의 종류를 모두 찾아보세요.

( )

교과역량 **콕!**

6 그래프를 보고 2학년 학생들의 의견을 선생님께 전해 보세요.

선생님, 2학년 학생들이 가장 많이 원하는

☐ 는 꼭 구매해 주세요.

그리고 한 종류를 더 구매할 수 있다면 두 번째로

많이 원하는 ☐ 도 구매해 주시면

좋겠습니다. 감사합니다.

[1~4] 수현이네 반 학생들이 방학 때 가고 싶은 곳을 조사하였습니다. 물음에 답하세요.

이름	장소	이름	장소	이름	장소
수현	바다	대현	놀이공원	민규	수영장
시우	산	정희	산	세나	바다
아름	바다	한별	바다	연호	바다
지현	놀이공원	승아	수영장	유나	놀이공원
주미	산	시현	바다	현아	놀이공원
동수	박물관	민서	수영장	주희	산
채안	수영장	시율	박물관	예원	바다

1 수현이네 반 학생은 모두 몇 명일까요?

(   )

2 조사한 자료를 보고 표로 나타내세요.

수현이네 반 학생들이 방학 때 가고 싶은 곳별 학생 수

장소	바다	산	놀이공원	박물관	수영장	합계
학생 수(명)						

3 2번 표를 보고 ○를 이용하여 그래프로 나타내세요.

수현이네 반 학생들이 방학 때 가고 싶은 곳별 학생 수

7					
6					
5					
4					
3					
2					
1					
학생 수(명) / 장소	바다	산	놀이공원	박물관	수영장

교과역량 **콕!**

4 앞의 표와 그래프를 보고 수현이의 일기를 완성해 보세요.

제목 : 방학 때 가고 싶은 곳을 조사한 날

날짜 : ○월 ○일   날씨 : ☀☁☂☃

오늘 수학 시간에 우리 반 학생들이 방학 때 가고 싶은 곳을 조사했다. 가장 많은 수의 친구들이 가고 싶어 하는 곳은 [   ] 였다.

가장 적은 수의 친구들이 가고 싶어 하는 곳은 [   ] 이었다.

[   ], [   ], [   ] 을 가고 싶어 하는 학생 수는 모두 같았다. 재미있는 조사 활동이었다.

[1~4] 규칙을 찾아 ☐ 안에 알맞은 모양을 그리고, 색칠해 보세요.

1

2

3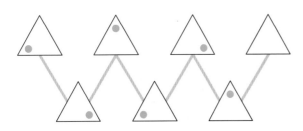

4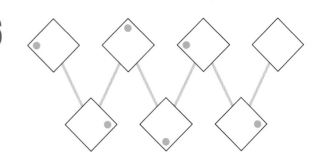

[5~6] 규칙을 찾아 ●을 알맞게 그려 넣으세요.

5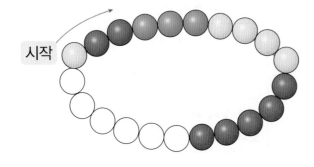

6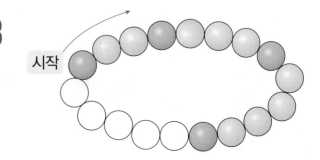

[7~8] 팔찌의 규칙을 찾아 알맞게 색칠해 보세요.

7 시작

8 시작

[1~4] 규칙에 따라 쌓기나무를 쌓았습니다. ☐ 안에 알맞은 수를 써넣으세요.

1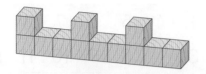

쌓기나무가 왼쪽에서 오른쪽으로
2개, 1개, ☐개씩 반복됩니다.

2

쌓기나무가 왼쪽에서 오른쪽으로
1개, ☐개씩 반복됩니다.

3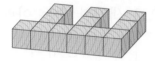

쌓기나무가 왼쪽에서 오른쪽으로
☐개, ☐개씩 반복됩니다.

4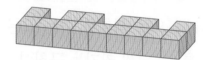

쌓기나무가 왼쪽에서 오른쪽으로
☐개, ☐개, ☐개씩 반복됩니다.

[5~8] 규칙에 따라 쌓기나무를 쌓았습니다. 다음에 이어질 모양에 쌓을 쌓기나무는 모두 몇 개인지 구하세요.

5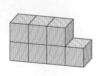

( )

6

( )

7

( )

8

( )

개념책 134~137쪽 ● 정답 46쪽

[1~2] 덧셈표를 완성하고, 규칙을 찾아 ☐ 안에 알맞은 수를 써넣으세요.

1

+	0	1	2	3	4	5
0	0	1	2		4	5
1	1			4	5	
2	2	3	4	5	6	7
3	3	4	5	6		
4	4	5		7	8	9
5	5	6	7			10

▨으로 색칠한 수는 오른쪽으로 갈 수록 ☐ 씩 커지는 규칙이 있습니다.

2

+	4	5	6	7	8	9
3		8	9	10	11	12
4	8	9	10	11		13
5	9		11	12		
6	10		12		14	15
7		12	13	14		16
8	12		14	15	16	17

▨으로 색칠한 수는 아래로 내려갈 수록 ☐ 씩 커지는 규칙이 있습니다.

[3~4] 곱셈표를 완성하고, 규칙을 찾아 ☐ 안에 알맞은 수를 써넣으세요.

3

×	1	2	3	4	5	6
1	1	2	3	4		6
2	2	4	6			12
3	3	6			15	18
4			12	16	20	24
5	5	10	15	20	25	30
6	6	12	18	24	30	36

▨으로 색칠한 수는 오른쪽으로 갈 수록 ☐ 씩 커지는 규칙이 있습니다.

4

×	3	4	5	6	7	8
3	9	12	15		21	
4	12		20	24	28	32
5	15	20		30	35	40
6	18	24		36	42	48
7			35	42	49	
8	24		40		56	64

▨으로 색칠한 수는 아래로 내려갈 수록 ☐ 씩 커지는 규칙이 있습니다.

개념책 132쪽 ● 정답 47쪽

[1~2] 그림을 보고 물음에 답하세요.

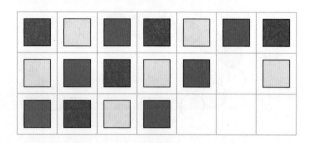

1 반복되는 무늬를 찾아 색칠해 보세요.

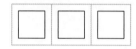

2 빈칸을 완성해 보세요.

[3~4] 규칙을 찾아 ☐ 안에 알맞은 모양을 그리고, 색칠해 보세요.

3

4

[5~7] 쿠키를 그림과 같이 진열해 놓았습니다. 물음에 답하세요.

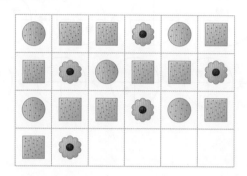

5 규칙에 맞게 빈칸에 쿠키의 모양을 그려 넣으세요.

6 위 그림에서 🔵은 1, 🟦은 2, 🌼은 3으로 바꾸어 나타내세요.

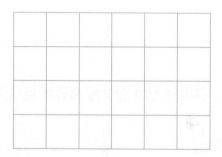

7 위 6에서 규칙을 찾아 쓰세요.

규칙

교과역량 쿡!

8 규칙을 정해 부채를 색칠해 보세요.

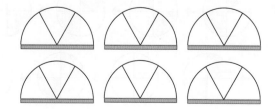

[1~2] 규칙을 찾아 ●을 알맞게 그려 넣으세요.

1

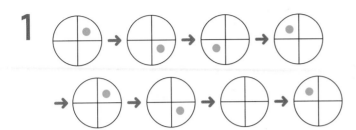

2

[3~4] 규칙을 찾아 알맞게 색칠해 보세요.

3

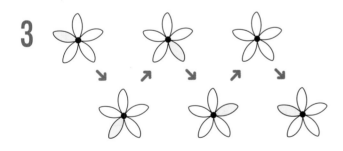

4

5 팔찌의 규칙을 찾아 알맞게 색칠해 보세요.

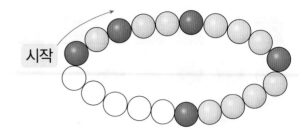

시작

6 목걸이의 규칙을 찾아 알맞게 색칠해 보세요.

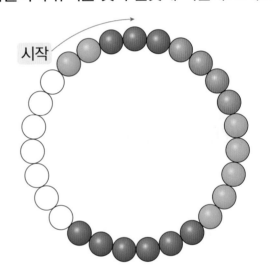

시작

교과역량 콕!

7 규칙을 정해 벽지의 무늬를 만들어 보세요.

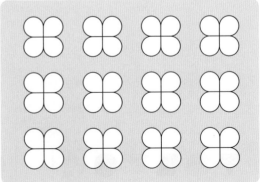

개념책 133쪽 ● 정답 47쪽

[1~2] 규칙에 따라 쌓기나무를 쌓았습니다. ☐ 안에 알맞은 수를 써넣으세요.

1

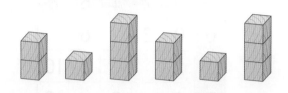

쌓기나무가 **2**층, ☐ 층, ☐ 층으로 반복됩니다.

2

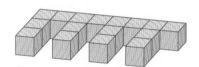

쌓기나무의 수가 왼쪽에서 오른쪽으로 ☐ 개, ☐ 개씩 반복됩니다.

3 규칙에 따라 쌓기나무를 쌓았습니다. 규칙을 바르게 말한 사람에 ○표 하세요.

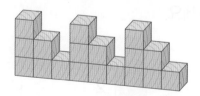

쌓기나무가 3개, 2개씩 반복되고 있어.

쌓기나무가 3개, 2개, 1개씩 반복되고 있어.

( )   ( )

[4~5] 규칙에 따라 쌓기나무를 쌓았습니다. 물음에 답하세요.

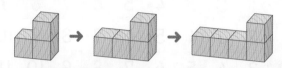

4 규칙을 찾아 쓰세요.

규칙 _____

5 다음에 이어질 모양에 쌓을 쌓기나무는 모두 몇 개인가요?

( )

교과역량 **콕!**

[6~7] 규칙에 따라 쌓기나무를 쌓았습니다. 빈칸에 들어갈 모양을 만드는 데 필요한 쌓기나무는 모두 몇 개인지 구하세요.

6

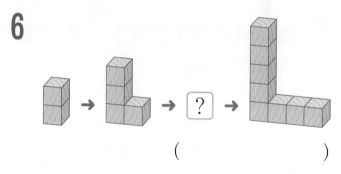

( )

7

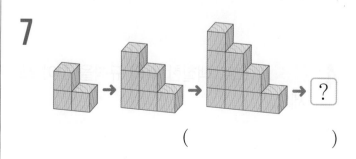

( )

[1~4] 덧셈표를 보고 물음에 답하세요.

+	1	2	3	4	5	6	7	8	9
1	2	3	4	5	6	7	8	9	10
2	3	4	5	6	7	8	9	10	11
3	4	5	6	7	8	9	10	11	12
4	5	6	7	8	9	10	11	12	13
5	6	7	8	9	10	11	12	13	14
6	7	8	9	10			13	14	15
7	8	9	10	11				15	16
8	9	10	11	12	13				17
9	10	11	12	13	14				

1 빈칸에 알맞은 수를 써넣으세요.

2 ▨으로 색칠한 수의 규칙을 찾아 쓰세요.

(규칙) 아래로 내려갈수록 ☐씩 커지는 규칙이 있습니다.

3 ▨으로 색칠한 수의 규칙을 찾아 쓰세요.

(규칙)

4 ▨으로 색칠한 수의 규칙을 찾아 쓰세요.

(규칙)

[5~6] 덧셈표를 보고 물음에 답하세요.

+	0	2	4	6	8
0	0	2		6	
2	2			8	10
4	4		8		12
6	6	8			
8			12	14	

5 빈칸에 알맞은 수를 써넣어 덧셈표를 만들어 보세요.

6 덧셈표에서 규칙을 찾아 쓰세요.

(규칙)

(교과역량 쿡!)

7 표 안의 수를 이용하여 나만의 덧셈표를 만들고 내가 만든 덧셈표에서 규칙을 찾아 쓰세요.

+				
	2			
		4		
			6	
				8

(규칙)

개념책 140쪽 ● 정답 48쪽

[1~4] 곱셈표를 보고 물음에 답하세요.

×	1	2	3	4	5	6	7	8	9
1	1	2	3	4	5	6	7	8	9
2	2	4	6	8			14	16	18
3	3	6	9	12	15	18			27
4	4	8	12	16	20			32	36
5	5	10	15		25	30	35	40	45
6	6	12	18	24	30	36	42	48	54
7	7		21	28	35		49		63
8	8	16	24	32		48		64	
9	9	18	27	36	45		63	72	

1 빈칸에 알맞은 수를 써넣으세요.

2 ▨으로 색칠한 수의 규칙을 찾아 쓰세요.

규칙 아래로 내려갈수록 ☐ 씩 커지는 규칙이 있습니다.

3 ▨으로 색칠한 수의 규칙을 찾아 쓰세요.

규칙

4 곱셈표에서 또 다른 규칙을 찾아 쓰세요.

규칙

[5~6] 곱셈표를 보고 물음에 답하세요.

×	3		7	
3	9	15		27
			35	
7		35	49	
	27			81

5 빈칸에 알맞은 수를 써넣어 곱셈표를 만들어 보세요.

6 곱셈표에서 규칙을 찾아 쓰세요.

규칙 _____

교과역량 콕!

[7~8] 곱셈표에서 규칙을 찾아 빈칸에 알맞은 수를 써넣으세요.

7

12	16	20	
15	20		

8

	36		
		49	
	40	48	
36		54	

1 울타리에서 규칙을 찾아 쓰세요.

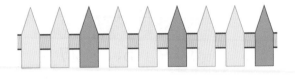

규칙

---

2 아이스크림 가게 지붕에 있는 규칙을 찾아 쓰세요.

규칙

---

3 사물함 번호에 있는 규칙을 찾아 떨어진 번호판의 숫자를 쓰세요.

22	23	24	25	26		28
15		17	18	19	20	21
8	9	10		12	13	
1	2		4	5	6	7

교과역량 **콕!**

[4~5] 공연장 의자 번호에서 규칙을 찾아 물음에 답하세요.

무대

| 가 | 나 |

가:
1	2	3	4	5	6	7	8
9	10	11	12	13	14	15	16
17	18	19	20	21	22	23	24
25	26	27	28	29	30	31	32

나:
1	2	3	4	5	6	7	8
9	10	11	12	13	14	15	16
17	18	19	20	21	22	23	24
25	26	27	28	29	30	31	32

4 공연장 의자 번호에서 찾을 수 있는 규칙을 쓰세요.

규칙

---

5 미나의 의자 번호는 '나 구역 15번'입니다. 미나의 자리를 찾아 ○표 하고, 찾아가는 방법을 말해 보세요.

방법

---

6 버스 출발 시간표에서 규칙을 찾아 쓰세요.

서울 → 대전		
	평일	주말
출발 시각	7:00 7:20 7:40	7:00 7:30
	8:00 8:20 8:40	8:00 8:30
	9:00 9:20 9:40	9:00 9:30

규칙

독해의 핵심은 비문학

지문 분석으로 독해를 깊이 있게!

비문학 독해 | 1~6단계

올바른 문학 독서법

문학 갈래별 작품 이해를 풍성하게!

문학 독해 | 1~6단계

NEW

결국은 어휘력

비문학 독해로 어휘 이해부터 어휘 확장까지!

어휘 X 독해 | 1~6단계

초등 문해력의 **빠른시작** 빠작

동아출판

큐브 개념

기본 강화책 │ 초등 수학 **2·2**

엄마표 학습 큐브

큐챌린지란?

큐브로 6주간 매주 자녀와
학습한 내용을 기록하고,
같은 목표를 가진 엄마들과 소통하며
함께 성장할 수 있는
엄마표 학습단입니다.

큐챌린지 이런 점이 좋아요

계획적인 학습
동기부여
학습고민 나눔
학습 혜택

엄마표 학습, 큐브로 시작!
큐챌린지

수학은 큐

학습 태도 변화

습관 형성   성취감   자신감

학습단 참여 후 우리 아이는
"꾸준히 학습하는 습관이 잡혔어요."
"성취감이 높아졌어요."
"수학에 자신감이 생겼어요."

학습 지속률

10명 중 **8.3**명

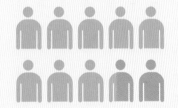

학습 스케줄

매일 **4**쪽씩 학습!

주 5회 매일 4쪽	39%
주 5회 매일 2쪽	15%
1주에 한 단원 끝내기	17%
기타(개별 진도 등)	29%

6주 학습
완주자 → 완주 **83%**

만족 **98%** ← 학습단 참여 만족도

학습 참여자 2명 중 1명은

6주 간 **1**권 끝!

큐브 개념

초등 수학

2·2

정답 및 풀이

동아출판

정답 및 풀이

모바일 빠른 정답

QR코드를 찍으면 **정답 및 풀이**를 쉽고 빠르게
확인할 수 있습니다.

1 네 자리 수

008쪽 1STEP 교과서 개념 잡기

1 4000, 사천 / 4, 사
2 998, 1000
3 8000
4 (1) 1000 (2) 100 (3) 10
5 3000

---

1 1000이 4개인 수 → 4000 → 사천

2 997보다 1만큼 더 큰 수 → 998
999보다 1만큼 더 큰 수 → 1000

3 1000이 8개이면 8000입니다.
참고 1000이 ■개이면 ■000입니다.

4 (2) 600, 700, 800, 900으로 100씩 커지므로 1000은 900보다 100만큼 더 큰 수입니다.
(3) 910, 920, ..., 980, 990으로 10씩 커지므로 1000은 990보다 10만큼 더 큰 수입니다.

5 1000 2개 → 2000, 100 10개 → 1000
따라서 나타낸 수는 3000입니다.

010쪽 1STEP 교과서 개념 잡기

1 2, 4 / 1264, 천이백육십사
2 6839
3 (1) 3681 (2) 8274
4 ( )( )(○)
5 (1) 4, 2, 1, 7 (2) 8536

---

2 1000이 6개, 100이 8개, 10이 3개, 1이 9개이면 6839입니다.

3 (1) 삼천 육백 팔십 일   (2) 팔천 이백 칠십 사
    3   6   8 1   8   2   7 4

4 7092는 '칠천구십이'라고 읽습니다.
참고 네 자리 수를 읽을 때 0이 있는 경우 그 자리는 읽지 않습니다.

5 (1) 4217은 1000이 4개, 100이 2개, 10이 1개, 1이 7개인 수입니다.
(2) 1000이 8개, 100이 5개, 10이 3개, 1이 6개인 수는 8536입니다.

012쪽 2STEP 수학익힘 문제 잡기

01 1000   02 (1) 100 (2) 300
03 7000개
04 예 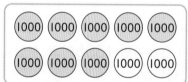 / 8000

05 (1) (2) (3)   06 7000, 2000

07 2 / 1
08 1356 / 천삼백오십육
09 예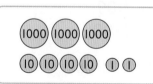

10 (1) (2) (3)

11 2550 5305 5458

12 (1) 예    (2) 1200원

01 100이 10개인 수 → 1000

02 (1) 1000 → 900보다 100만큼 더 큰 수
(2) 700보다 300만큼 더 큰 수 → 1000

03 1000이 7개이면 7000입니다.

04 1000을 8개 색칠했으므로 8000입니다.

05 (1) 1000은 300보다 700만큼 더 큰 수입니다.
(2) 1000은 200보다 800만큼 더 큰 수입니다.
(3) 1000은 400보다 600만큼 더 큰 수입니다.

06 • 천 모형이 7개이면 7000입니다.
• 백 모형이 20개이면 2000입니다.

07 • 4000원은 1000원짜리 지폐 4장입니다.
수첩 1개는 1000원짜리 지폐 2장이므로
4000원으로 수첩 2개를 살 수 있습니다.
• 크레파스는 1000원짜리 지폐 3장, 샤프는
1000원짜리 지폐 1장이므로 4000원으로
크레파스 1개와 샤프 1개를 살 수 있습니다.

08 천 모형이 1개, 백 모형이 3개, 십 모형이 5개,
일 모형이 6개이면 1356이고 천삼백오십육이
라고 읽습니다.

09 3042는 1000이 3개, 10이 4개, 1이 2개인 수
입니다.
→ ⑩⑩⑩ 3개, ⑩ 4개, ① 2개

10 (1) 이천십구 → 2019
(2) 이천백구 → 2109
(3) 이천구백 → 2900

11 • 2550 → 이천오백오십
• 5305 → 오천삼백오 (○)
• 5458 → 오천사백오십팔

12 (1) 초코우유의 가격은 1600원이므로 1000원
짜리 지폐 1장과 100원짜리 동전 6개를 묶
습니다.
(2) 묶이지 않은 돈은 1000원짜리 지폐 1장과
100원짜리 동전 2개이므로 1200원입니다.
참고 초코우유의 가격만큼 묶었을 때 묶이지 않은 돈이
남은 돈입니다.

014쪽 1STEP 교과서 개념 잡기

1 5, 6, 9, 2 / 5000, 600, 90, 2
2 (위에서부터) 8, 1, 6, 3 / 8000, 60
/ 8000, 60
3 (1) 2000, 700, 60 (2) 500, 40, 6
4 (1) 30 (2) 300
5 ( )(○)( )(○)

1
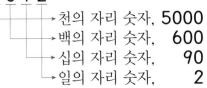
5 6 9 2 → 천의 자리 숫자, 5000
→ 백의 자리 숫자, 600
→ 십의 자리 숫자, 90
→ 일의 자리 숫자, 2

3 (1) 2769 = 2000 + 700 + 60 + 9
(2) 4546 = 4000 + 500 + 40 + 6
주의 같은 숫자라도 어느 자리에 있느냐에 따라 나타내는
값이 다릅니다.

4 (1) 9835
→ 십의 자리 숫자, 30
(2) 7308
→ 백의 자리 숫자, 300

5 백의 자리 숫자에 밑줄을 치면 다음과 같습니다.
1257, 7584, 5021, 6583
따라서 백의 자리 숫자가 5인 것은
7584, 6583입니다.

016쪽 1STEP 교과서 개념 잡기

1 (1) 4000, 7000 (2) 9400, 9600
(3) 9950, 9960
2 (위에서부터) 9970, 9980, 9990 /
9991, 9992, 9993, 9994, 9995,
9996, 9997, 9998, 9999
3 5345, 6345, 7345
4 5836, 5856, 5866
5 10씩
6 (1) 4697, 4797 (2) 7166, 7167

1 (1) 1000씩 뛰어 세면 천의 자리 숫자가 1씩 커집니다.

(2) 100씩 뛰어 세면 백의 자리 숫자가 1씩 커집니다.

(3) 10씩 뛰어 세면 십의 자리 숫자가 1씩 커집니다.

2 9961부터 아래쪽(↓)으로는 10씩 뛰어 세고, 오른쪽(→)으로는 1씩 뛰어 센 것입니다.

3 1000씩 뛰어 세면 천의 자리 숫자가 1씩 커집니다.

4 10씩 뛰어 세면 십의 자리 숫자가 1씩 커집니다.

5 십의 자리 숫자가 1씩 커지므로 10씩 뛰어 센 것입니다.

6 (1) 백의 자리 숫자가 1씩 커지므로 100씩 뛰어 센 것입니다.

(2) 일의 자리 숫자가 1씩 커지므로 1씩 뛰어 센 것입니다.

3 (1) 천의 자리 수가 다르므로 천의 자리 수를 비교합니다.
4>2이므로 4476>2138입니다.

(2) 천, 백의 자리 수가 같으므로 십의 자리 수를 비교합니다.
0<1이므로 6307<6319입니다.

4 천의 자리 수가 같으므로 백의 자리 수를 비교합니다. 5>0이므로 2578>2063입니다.
따라서 2063은 2578보다 작습니다.

5 (1) 천의 자리 수가 같으므로 백의 자리 수를 비교합니다. → 2764<2915
└─7<9─┘

(2) 천, 백, 십의 자리 수가 같으므로 일의 자리 수를 비교합니다. → 5368>5362
└─8>2─┘

6 (2) 천의 자리 수를 비교합니다. 7>6이므로 가장 큰 수는 7239입니다.

(3) 6408과 6700은 천의 자리 수가 같으므로 백의 자리 수를 비교합니다. 4<7이므로 가장 작은 수는 6408입니다.

개념책

1
단원

018쪽 **1STEP 교과서 개념 잡기**

1 '작습니다'에 ○표 / <
2 <
3 (1) >, > (2) <, <
4 2063, 2578
5 (1) 2915에 ○표 (2) 5368에 ○표
6 (1) (위에서부터) 4, 7, 7
　　(2) 7239 (3) 6408

1 천의 자리 수가 다르므로 천의 자리 수를 비교합니다. → 3947<4072
　　　　　　　　　　　　　　└─3<4─┘

2 1440<1480
　　　└─4<8─┘

참고 수직선에서는 오른쪽에 있는 수가 더 큽니다.

020쪽 **2STEP 수학익힘 문제 잡기**

01 (1) 3, 3000 (2) 7, 70
02 (위에서부터) 1 / 2, 200 / 4 / 5, 5
　　/ 1245, 200, 5
03

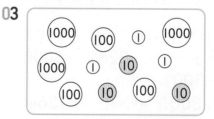

04 ④ **05** 규민
06 7364에 ○표 **07** 6021
08 77 **09** 예 5306
10 1384, 1484, 1684

11 5564, 5566, 5568
12 3091, 7091
13 4210, 4220, 4230, 4240, 4250
14 5856, 4856, 2856
15 9577, 9587, 9597
16 5950원   **17** 토, 끼
18 3, 2, 7, 8 / >   **19** (1) > (2) <
20 어린이   **21** 현우
22 (1) 6999에 ○표 (2) 2147에 ○표
23 2067   **24** 1, 2, 3

01 3675
→ 천의 자리 숫자, 3000
→ 십의 자리 숫자, 70

02 1000이 1개이면 1000, 100이 2개이면 200, 10이 4개이면 40, 1이 5개이면 5입니다.
→ 1245=1000+200+40+5

03 3333
→ 십의 자리 숫자, 30
따라서 십 모형 3개에 색칠합니다.

04 십의 자리 숫자를 알아봅니다.
① 8162 → 6
② 이천사백십팔 → 2418 → 1
③ 삼천팔백오십이 → 3852 → 5
④ 1680 → 8 (○)
⑤ 6678 → 7

05 8051
→ 십의 자리 숫자, 50
따라서 바르게 말한 사람은 규민입니다.

06 숫자 3이 나타내는 값을 각각 알아봅니다.
· 1603 → 3   · 3289 → 3000
· 7364 → 300
→ 숫자 3이 300을 나타내는 수: 7364

07 숫자 6이 나타내는 값을 각각 알아봅니다.
· 9263 → 60   · 7654 → 600
· 6021 → 6000   · 3896 → 6
→ 숫자 6이 나타내는 값이 가장 큰 수: 6021

08 8 3 7 7
→ 십의 자리 숫자, 70
→ 일의 자리 숫자, 7
→ ㉠과 ㉡이 나타내는 값의 합: 70+7=77

09 천의 자리에는 0을 쓸 수 없으므로 백의 자리 숫자가 300을 나타내는 네 자리 수는 5306, 5360, 6305, 6350이 있습니다.

12 천의 자리 숫자가 1씩 커지므로 1000씩 뛰어 센 것입니다.

14 1000씩 거꾸로 뛰어 세면 천의 자리 숫자가 1씩 작아집니다.

15 9557부터 10씩 뛰어 세면
9557-9567-9577-9587-9597-9607입니다.
참고 10씩 뛰어 셀 때 십의 자리 숫자가 9이면 다음 수는 십의 자리 숫자가 0이 되고 백의 자리 숫자가 1 커집니다.

16 한 달에 1000원씩 저금했으므로 2950부터 1000씩 뛰어 세면
2950-3950-4950-5950입니다.
9월   10월   11월   12월
따라서 12월에는 5950원이 됩니다.

17 ① 100씩 뛰어 세면
3425-3525-3625-3725-3825
사   토   염
② 1씩 뛰어 세면
5435-5436-5437-5438-5439
소   습   끼
따라서 숨겨진 낱말은 '토끼'입니다.

18 천의 자리 수가 같으므로 백의 자리 수를 비교합니다.
3652>3278
6>2

19 (1) 9004>8789   (2) 5470<5483
9>8   7<8

20 2014<2507이므로
0<5
어린이가 더 많이 입장했습니다.

21 높은 자리 수가 클수록 큰 수이므로 네 자리 수의 크기 비교는 천의 자리부터 순서대로 해야 합니다.

22 (1) 천의 자리 수를 비교하면 7>6이므로 6999가 가장 작습니다.
(2) 천의 자리 수를 비교하면 4>2이므로 4723이 가장 큽니다.
2147과 2579는 천의 자리 수가 같으므로 백의 자리 수를 비교합니다.
1<5이므로 2147이 가장 작습니다.

23 천의 자리부터 작은 수를 차례로 놓으면 0<2<6<7입니다. 0은 천의 자리에 올 수 없으므로 두 번째로 작은 2를 천의 자리에 놓으면 가장 작은 네 자리 수는 2067입니다.

24 천의 자리 수가 같으므로 십의 자리 수를 비교하면 8<9이므로 □ 안에 들어갈 수 있는 수는 4보다 작은 수인 1, 2, 3입니다.

---

5 (1단계) 6485, 6483
(2단계) 6485, 6483, ㉠
(답) ㉠

6 (1단계) ㉠은 2894이고, ㉡은 2846입니다.
▶ 3점
(2단계) 2894>2846이므로 더 작은 수의 기호는 ㉡입니다. ▶ 2점
(답) ㉡

7
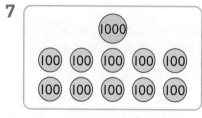

8 (예)
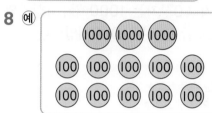

8 (채점 가이드) 다음 방법 중 하나로 4000을 나타냈으면 정답으로 인정합니다.

(1000) 4개 / (1000) 3개와 (100) 10개 / (1000) 2개와 (100) 20개 / (1000) 1개와 (100) 30개 / (100) 40개

개념책

1 단원

024쪽 3STEP 서술형 문제 잡기

※서술형 문제의 예시 답안입니다.

1 (1단계) 7   (2단계) 10, 3
(답) 3개

2 (1단계) 100원짜리 동전이 5개 있습니다. ▶ 2점
(2단계) 1000원은 100원짜리 동전 10개와 같으므로 100원짜리 동전이 5개 더 필요합니다. ▶ 3점
(답) 5개

3 (1단계) 1000   (2단계) 2, 2000
(답) 2000장

4 (1단계) 바둑돌이 100개씩 10통이면 1000개입니다. ▶ 2점
(2단계) 100개씩 30통은 1000개씩 3통과 같으므로 바둑돌은 모두 3000개입니다. ▶ 3점
(답) 3000개

026쪽 1단원 마무리

01 1000   **02** 8000
03 1248   **04** 200
05 8, 4, 1, 7
06 (1) ·   ·
(2) · ✕ ·
(3) ·   ·
07 7, 7 / <
08 (○)(   )
09 6505, 6705, 6805
10 5000, 700, 30, 1

11 <

12 4752, 4762, 4772

13 60

14 5280장

15 2224에 ○표

16 6805, 6240, 5998

17 7150원   **18** 8430

서술형   ※서술형 문제의 예시 답안입니다.

19
> ❶ 100개씩 10상자이면 몇 개인지 구하기 ▶ 2점
> ❷ 100개씩 40상자에는 귤이 모두 몇 개 들어 있는지 구하기 ▶ 3점

❶ 귤이 100개씩 10상자이면 1000개입니다.

❷ 100개씩 40상자는 1000개씩 4상자와 같으므로 귤은 모두 4000개입니다.

답 4000개

20
> ❶ ㉠과 ㉡을 수로 쓰기 ▶ 3점
> ❷ 더 큰 수의 기호 쓰기 ▶ 2점

❶ ㉠은 7519이고, ㉡은 7198입니다.

❷ 7519>7198이므로 더 큰 수는 ㉠입니다.

답 ㉠

02 팔천 → 8000

03 1000이 1개, 100이 2개, 10이 4개, 1이 8개 이면 1248입니다.

05 8417
├→ 천의 자리 숫자, 8000
├→ 백의 자리 숫자, 400
├→ 십의 자리 숫자,   10
└→ 일의 자리 숫자,   7

06 (1) 3604 → 삼천육백사
(2) 3040 → 삼천사십
(3) 3004 → 삼천사

07 천, 백의 자리 수가 같으므로 십의 자리 수를 비교합니다.
7544<7571
└─4<7─┘

08 숫자 6이 나타내는 값을 각각 알아봅니다.
· 2618 → 600   · 1367 → 60
→ 숫자 6이 600을 나타내는 수: 2618

09 100씩 뛰어 세면 백의 자리 숫자가 1씩 커집니다.

10 5731에서 5는 5000, 7은 700, 3은 30, 1은 1을 나타냅니다.
→ 5731=5000+700+30+1

11 천의 자리 수가 다르므로 천의 자리 수를 비교합니다.
3232<6006
└──3<6──┘

12 십의 자리 숫자가 1씩 커지므로 10씩 뛰어 센 것입니다.

13 100이 10개이면 1000입니다.
1000이 6개이면 6000입니다.
→ 100이 60개이면 6000입니다.

14 1000장짜리 색종이 5상자: 5000장
100장짜리 색종이 2상자: 200장
10장짜리 색종이 8봉지: 80장
→ 5280장

15 숫자 4가 나타내는 값을 각각 알아봅니다.
· 222**4** → 4
· 1**8**40 → 40
· **4**678 → 4000
따라서 숫자 4가 나타내는 값이 가장 작은 수는 2224입니다.

16 천의 자리 수를 비교하면 5998이 가장 작습니다.
6240과 6805는 천의 자리 수가 같으므로 백의 자리 수를 비교하면 2<8이므로 6240<6805입니다.
따라서 큰 수부터 차례로 쓰면 6805, 6240, 5998입니다.

17 한 달에 1000원씩 저금했으므로 4150부터 1000씩 뛰어 세면
4150-5150-6150-7150입니다.
  8월   9월   10월   11월
따라서 11월에는 7150원이 됩니다.

18 가장 큰 네 자리 수는 천의 자리부터 큰 수를 차례로 놓아 만듭니다. 8>4>3>0이므로 만들 수 있는 가장 큰 네 자리 수는 8430입니다.

2 곱셈구구

032쪽 **1STEP 교과서 개념 잡기**

1 25, 30, 5 / 25, 30 / 5
2 (1) 2, 2, 2, 2, 2, 12 (2) 12, 2
3 20 / 4, 20   4 7, 16, 9
5 (1) 7, 35 (2) 9, 45

1 5×6은 5×5보다 5씩 1묶음이 더 많으므로 5만큼 더 큽니다.
→ 5단 곱셈구구에서 곱하는 수가 1씩 커지면 그 곱은 5씩 커집니다.

2 (1) 2씩 6번 더하면 12입니다.
(2) 2×5에 2를 더하면 12입니다.

3 연필은 5자루씩 4묶음 있습니다.
→ $5+5+5+5=20$ → $5 \times 4=20$

4 2씩 7묶음 → $2 \times 7=14$
2씩 8묶음 → $2 \times 8=16$
2씩 9묶음 → $2 \times 9=18$

5 (1) 5씩 7묶음 → $5 \times 7=35$
(2) 5씩 9묶음 → $5 \times 9=45$

034쪽 **1STEP 교과서 개념 잡기**

1 24, 30, 6 / 24, 30 / 6
2 3, 3, 3, 3, 15 / 15, 3
3 30, 30   4 6, 7, 24
5 (1) 4, 12 (2) 2, 12

1 6×5는 6×4보다 6씩 1묶음이 더 많으므로 6만큼 더 큽니다.
→ 6단 곱셈구구에서 곱하는 수가 1씩 커지면 그 곱은 6씩 커집니다.

2 방법1 3씩 5번 더하면 15입니다.
방법2 3×4에 3을 더하면 15입니다.

3 6의 5배는 5의 6배와 같습니다.
$5 \times 6=30$이므로 $6 \times 5=30$입니다.

4 3씩 6묶음 → $3 \times 6=18$
3씩 7묶음 → $3 \times 7=21$
3씩 8묶음 → $3 \times 8=24$

5 (1) 곶감을 3개씩 묶으면 3씩 4묶음이 되므로
$3 \times 4=12$입니다.
(2) 곶감을 6개씩 묶으면 6씩 2묶음이 되므로
$6 \times 2=12$입니다.

036쪽 **2STEP 수학익힘 문제 잡기**

01 (예) ●●●●● / 4, 20
02 (1) 6 (2) 12 (3) 35 (4) 40
03 (1)•   •
   (2)•   •
   (3)•   •
04 4, 8, 8
05 30
06 7 / 5
07 (1) 2, 6 (2) 3, 9
08 (위에서부터) 54, 36
09 12, 24, 36, 48   10 15개
11
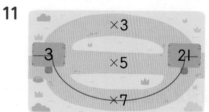
12 (위에서부터) 12, 18, 12, 18
13 ㉠, ㉡

01 5개씩 묶으면 4묶음이 됩니다. → $5 \times 4=20$

02 2단, 5단 곱셈구구를 이용하여 구합니다.

03 (1) $2 \times 5=10$
(2) $2 \times 8=16$
(3) $2 \times 9=18$

04 체험 안경 4개를 만들려면 셀로판지가
$2 \times 4=8$(장) 필요합니다.

05 한 개의 길이가 **5** cm인 연결 모형: **6**개

→ $5 \times 6 = 30$ (cm)

06 **5**씩 **7**번 더하거나 5×6에 **5**를 더해서 5×7을 계산할 수 있습니다.

07 (1) 구슬이 **3**개씩 **2**묶음 있습니다.

→ $3 \times 2 = 6$

(2) 구슬이 **3**개씩 **3**묶음 있습니다.

→ $3 \times 3 = 9$

08 $6 \times 9 = 54$, $6 \times 6 = 36$

09 $6 \times 2 = 12$, $6 \times 4 = 24$,
$6 \times 6 = 36$, $6 \times 8 = 48$

10 세발자전거 한 대의 바퀴는 **3**개이므로 세발자전거 **5**대의 바퀴는 모두 $3 \times 5 = 15$(개)입니다.

11 $3 \times 3 = 9$, $3 \times 5 = 15$, $3 \times 7 = 21$

12 • **3**씩 **4**번 뛰어 세면 **12**이므로 $3 \times 4 = 12$
• **3**씩 **6**번 뛰어 세면 **18**이므로 $3 \times 6 = 18$
• **6**씩 **2**번 뛰어 세면 **12**이므로 $6 \times 2 = 12$
• **6**씩 **3**번 뛰어 세면 **18**이므로 $6 \times 3 = 18$

13 ㉢ **6**단 곱셈구구를 이용하면 6×4의 곱으로 구할 수 있습니다.

038쪽 1STEP 교과서 개념 잡기

1 16, 24, 8 / 16, 24 / 8
2 (1) 4, 4, 4, 4, 20 (2) 20, 4
3 16, 16   **4** 5, 6, 28
5 (1) 3, 24 (2) 6, 24

---

1 8×3은 8×2보다 **8**씩 **1**묶음이 더 많으므로 **8**만큼 더 큽니다.

→ **8**단 곱셈구구에서 곱하는 수가 **1**씩 커지면 그 곱은 **8**씩 커집니다.

2 (1) **4**씩 **5**번 더하면 **20**입니다.

(2) 4×4에 **4**를 더하면 **20**입니다.

---

3 **8**의 **2**배는 **2**의 **8**배와 같습니다.
$2 \times 8 = 16$이므로 $8 \times 2 = 16$입니다.

4 **4**씩 **5**묶음 → $4 \times 5 = 20$
4씩 **6**묶음 → $4 \times 6 = 24$
4씩 **7**묶음 → $4 \times 7 = 28$

5 (1) 귤을 **8**개씩 묶으면 **8**씩 **3**묶음이 되므로 $8 \times 3 = 24$입니다.

(2) 귤을 **4**개씩 묶으면 **4**씩 **6**묶음이 되므로 $4 \times 6 = 24$입니다.

040쪽 1STEP 교과서 개념 잡기

1 18, 27, 9 / 18, 27 / 9
2 (1) 7, 35 (2) 7, 35
3 6, 7, 56
4 (1) 5, 45 (2) 6, 54
5 (1) 3, 27 (2) 4, 36

---

1 9×3은 9×2보다 **9**씩 **1**묶음이 더 많으므로 **9**만큼 더 큽니다.

→ **9**단 곱셈구구에서 곱하는 수가 **1**씩 커지면 그 곱은 **9**씩 커집니다.

2 (1) 7×4에 **7**을 더하면 **35**입니다.

(2) **7**씩 **5**묶음은 **5**씩 **7**묶음과 같으므로 $7 \times 5 = 5 \times 7 = 35$입니다.

3 **7**씩 **6**묶음 → $7 \times 6 = 42$
7씩 **7**묶음 → $7 \times 7 = 49$
7씩 **8**묶음 → $7 \times 8 = 56$

4 (1) **9**씩 **5**묶음 → $9 \times 5 = 45$

(2) **9**씩 **6**묶음 → $9 \times 6 = 54$

5 (1) **9** cm씩 **3**번 이동했습니다.

→ $9 \times 3 = 27$ (cm)

(2) **9** cm씩 **4**번 이동했습니다.

→ $9 \times 4 = 36$ (cm)

01

02 5, 40

03 24, 28, 4

04 4×9에 ○표   **05** 4, 16 / 2, 16

06

10	11	⑫	13	14
15	⑯	17	18	19
⑳	21	22	23	△24
25	26	27	㉘	29

07 24, 24, 24   **08** 27, 45

09 56   **10** 18, 36 / 54

11 >

12

7	27	36	45	50
출발	9	18	51	54	68
20	15	40	63	70
52	24	56	72	81	도착

13

11	21	14	28	39	/ 7
15	42	24	63	40
1	22	33	49	41
38	54	9	35	18

14 4, 3, 6

01 4×3=12이므로 사과가 한 봉지에 4개씩 3봉지가 되어야 합니다.
따라서 빈 봉지에 ○를 4개씩 그립니다.

02 한 묶음에 크레파스가 8개씩 5묶음이므로 8×5=40으로 나타낼 수 있습니다.

03 4단 곱셈구구에서 곱하는 수가 1씩 커지면 그 곱은 4씩 커집니다.

04 4×8=32, 4×9=36

05 • 구슬이 4씩 4묶음 있습니다. → 4×4=16
• 구슬이 8씩 2묶음 있습니다. → 8×2=16

06 4×3=12, 4×4=16, 4×5=20, 4×6=24, 4×7=28에 ○표, 8×2=16, 8×3=24에 △표 합니다.

07 • 4×6은 4씩 6번과 같으므로 4×6=24입니다.
• 8×3은 8씩 3번과 같으므로 8×3=24입니다.

08 9단 곱셈구구에서 곱하는 수가 1씩 커지면 곱은 9씩 커집니다.

09 7×8=56

10 9×2=18과 9×4=36을 더해서 9×6을 계산할 수 있습니다.
→ 9×6=18+36=54

11 9×7=63 → 63>50

12 9단 곱셈구구의 값 9, 18, 27, 36, 45, 54, 63, 72, 81을 순서대로 선을 잇습니다.

13 7단 곱셈구구를 알아봅니다.
7×1=7, 7×2=14, 7×3=21,
7×4=28, 7×5=35, 7×6=42,
7×7=49, 7×8=56, 7×9=63

14 9단 곱셈구구에서 곱하는 수가 3, 4, 6일 때의 곱셈식을 각각 구합니다.
9×3=27(×), 9×4=36(○),
9×6=54(×)

044쪽 **1STEP 교과서 개념 잡기**

1 2, 2, 3, 3, 4, 4 / 2, 3, 4
2 9, 9
3 0
4 (1) 4 (2) 8 (3) 0 (4) 0
5 2, 0 / 2, 0, 5

개념책

2 단원

1 • 새장 **2**개 안에 있는 새의 수 → $1 \times 2 = 2$
   • 새장 **3**개 안에 있는 새의 수 → $1 \times 3 = 3$
   • 새장 **4**개 안에 있는 새의 수 → $1 \times 4 = 4$

2 풍선이 **1**개씩 **9**개 있습니다. → $1 \times 9 = 9$

3 바구니에 밤이 없습니다. → $0 \times 5 = 0$

4 (1) $1 \times 4 = 4$ (2) $8 \times 1 = 8$
   (3) $0 \times 2 = 0$ (4) $7 \times 0 = 0$

5 • **1**에 맞힌 화살: **2**개 → $1 \times 2 = 2$(점)
   • **2**에 맞힌 화살: **0**개 → $2 \times 0 = 0$(점)
   → (연주가 얻은 점수) $= 0 + 2 + 0 + 3 = 5$(점)

046쪽 1STEP 교과서 개념 잡기

1 3 / 같습니다 / 21, 21
2 (위에서부터) 12, 30, 36, 48
   / 9, 27, 36, 63, 81
3 24, 24 / '같습니다'에 ○표
4

×	2	3	4	5	6	7	8	9
2	4	6	8	10	12	14	16	18
3	6	9	12	15	18	21	24	27
4	8	12	16	20	24	28	32	36
5	10	15	20	25	30	35	40	45
6	12	18	24	30	36	42	48	54
7	14	21	28	35	42	49	56	63
8	16	24	32	40	48	56	64	72
9	18	27	36	45	54	63	72	81

5 8단   **6** 5단

3 $4 \times 6 = 24$, $6 \times 4 = 24$
   → 4×6의 곱과 6×4의 곱은 같습니다.

4 곱이 **18**인 곱셈구구는 $2 \times 9 = 18$,
   $3 \times 6 = 18$, $6 \times 3 = 18$, $9 \times 2 = 18$입니다.

5 ■단 곱셈구구는 곱이 ■씩 커지므로 곱이 **8**씩
   커지는 곱셈구구는 **8**단 곱셈구구입니다.

---

6 곱셈표에서 **5**단 곱셈구구의 곱은 **10**, **15**, **20**,
   25, **30**, **35**, **40**, **45**로 곱의 일의 자리 숫자
   가 **0**, **5**로 반복됩니다.

048쪽 1STEP 교과서 개념 잡기

1 (1) 3, 27 / 27   (2) 2, 16 / 16
2 4, 20   **3** (1) 5, 30 (2) 30개
4 14   **5** 24개

1 (1) 게시판의 그림은 **9**개씩 **3**줄 있으므로 **9**단
   곱셈구구를 이용합니다.
   (2) 책꽂이의 칸은 **8**칸씩 **2**줄 있으므로 **8**단 곱
   셈구구를 이용합니다.

2 **5**명씩 앉을 수 있는 긴 의자가 **4**개 있으므로
   5단 곱셈구구를 이용합니다.
   → $5 \times 4 = 20$

3 (1) 다리가 **6**개인 개미가 **5**마리 있으므로 **6**단
   곱셈구구를 이용합니다.
   → $6 \times 5 = 30$

4 $7 \times 2 = 14$ (cm)

5 한 상자에 **8**개씩 들어 있는 야구공이 **3**상자 있
   으므로 **8**단 곱셈구구를 이용합니다.
   → $8 \times 3 = 24$(개)

050쪽 2STEP 수학익힘 문제 잡기

01 3, 3   **02** 0
03   **04** 0×8에 색칠

05 1, 3, 0, 0, 3

06

×	2	4	6	8
2	4		12	16
4		16	24	♥
6		24		48
8	16	★	48	

07 4, 6, 24 / 6, 4, 24 / 8, 3, 24

08 49

09 28개

10 64세

11 [방법1] 16　　[방법2] 3, 2, 16

12 5×2=10 / 10점

---

01 복숭아가 1개씩 3접시 있습니다. ➜ 1×3=3

02 0×5=0

03

- 8×1=**8** ➜ ㉠=8
- **7**×1=7 ➜ ㉡=7
- 5×1=**5** ➜ ㉢=5

04 4×0=0 ➜ 1×4=4(×), 0×8=0(○)

05 화살을 3개 넣었으므로 1×3=3(점),
화살을 1개 넣지 못했으므로 0×1=0(점)
➜ 3+0=3(점)

06 ★=8×4=32이므로 곱셈표에서 곱이 32인
4×8=32 자리에 ♥표 합니다.

07 3×8=24이므로 곱셈표에서 곱이 24인 곱셈
구구를 찾으면 4×6=24, 6×4=24,
8×3=24입니다.

08 곱셈표에서 7단 곱셈구구의 수 중 홀수는 21,
35, 49이고, 이 중에서 십의 자리 숫자가 40을
나타내는 수는 49입니다.

09 한 봉지에 4개씩 들어 있는 사탕을 7봉지 샀으
므로 4단 곱셈구구를 이용합니다.
➜ 4×7=28(개)

10 8×8=64(세)

---

11 [방법1] 1×4=4와 2×6=12를 더하면
4+12=16입니다.
[방법2] 6×3=18에서 2를 빼면
18-2=16입니다.

12 윤주가 첫째 판과 둘째 판 2번을 이겼으므로
5×2=10(점)을 얻었습니다.

052쪽 3STEP 서술형 문제 잡기

※서술형 문제의 예시 답안입니다.

1 [1단계] 3×3　　[2단계] 3, 1, 3

2 [1단계] 4×4 ▸2점
[2단계] 4×4는 4×2보다 4씩 2묶음이 더
많으므로 8만큼 더 큽니다. ▸3점

3 [이유] 5, 4

4 [이유] 송편의 수는 8×6이므로 8씩 6번 더해
서 구해야 합니다. ▸5점

5 [1단계] 3, 6　　[2단계] 6, 12
[답] 12개

6 [1단계] 지호는 딱지를 4장씩 2묶음 가지고 있
으므로 4×2=8(장)입니다. ▸2점
[2단계] 정아가 가지고 있는 딱지는 지호가 가지
고 있는 딱지 수의 3배이므로
8×3=24(장)입니다. ▸3점
[답] 24장

7 [1단계] '공책'에 ○표, 4
[2단계] 4, 28

8 [1단계] 예 '귤'에 ○표, 6
[2단계] 8, 6, 48

8 [채점 가이드] 귤은 8단 곱셈구구, 복숭아는 6단 곱셈구구를
이용합니다. 사고 싶은 과일과 묶음 수에 맞게 곱셈식을 썼
는지 확인합니다.

054쪽 2단원 마무리

01 24, 24

02

03 5, 15   **04** 2, 10

05 3, 24   **06** 1, 4, 4

07 42, 49, 7   **08** 30

09 8, 0

10 32마리

11 <

12 (1) •———•
     (2) • ╳ •
     (3) •———•

13 (위에서부터) 35, 45 / 30, 48 / 42, 56 / 40, 48 / 45, 63, 81

14 5, 8

15 54

16 8, 24 / 4, 24

17 2, 14

18 5

서술형   ※서술형 문제의 예시 답안입니다.

19 | 어느 부분이 잘못 되었는지 쓰기 ▶ 5점 |

김밥의 수는 7×3이므로 7씩 3번 더해서 구해야 합니다.

20 | ❶ 지유가 가지고 있는 연필의 수 구하기 ▶ 2점 |
     | ❷ 태주가 가지고 있는 연필의 수 구하기 ▶ 3점 |

❶ 지유가 가지고 있는 연필은 3자루씩 3묶음이므로 $3 \times 3 = 9$(자루)입니다.

❷ 태주가 가지고 있는 연필은 지유가 가지고 있는 연필 수의 2배이므로 $9 \times 2 = 18$(자루)입니다.

답 18자루

---

01 벌이 4마리씩 6묶음 있습니다.
   → $4 + 4 + 4 + 4 + 4 + 4 = 24$
   → $4 \times 6 = 24$

02 $2 \times 5 = 10$이므로 도넛이 한 접시에 2개씩 5접시가 되도록 빈 접시에 ○를 2개씩 그립니다.

03 구슬은 3개씩 5묶음 있습니다. → $3 \times 5 = 15$

04 5씩 2번이므로 $5 \times 2 = 10$으로 나타낼 수 있습니다.

05 8씩 3번 뛰었습니다. → $8 \times 3 = 24$ (cm)

06 연필이 1자루씩 4개 있습니다. → $1 \times 4 = 4$

07 7단 곱셈구구에서 곱하는 수가 1씩 커지면 그 곱은 7씩 커집니다.

09 $1 \times 8 = 8$, $8 \times 0 = 0$

10 굴비가 한 줄에 8마리씩 4줄에 묶여 있으므로 8단 곱셈구구를 이용합니다.
   → $8 \times 4 = 32$(마리)

11 $4 \times 8 = 32$, $7 \times 5 = 35$ → $32 < 35$

12 (1) $2 \times 6 = 12$, $4 \times 3 = 12$
     (2) $9 \times 3 = 27$, $3 \times 9 = 27$
     (3) $3 \times 8 = 24$, $6 \times 4 = 24$

13 세로줄과 가로줄의 수가 만나는 칸에 두 수의 곱을 써넣습니다.

14 $8 \times 5 = 40$이므로 곱셈표에서 곱이 40인 곱셈구구를 찾으면 5×8입니다.

15 9단 곱셈구구의 수 중 짝수이면서 십의 자리 숫자가 50을 나타내는 수는 54입니다.

16 • 사자를 3마리씩 묶으면 8묶음이 됩니다.
     → $3 \times 8 = 24$
   • 사자를 6마리씩 묶으면 4묶음이 됩니다.
     → $6 \times 4 = 24$

17 $2 \times 3 = 6$과 $4 \times 2 = 8$을 더하면 $6 + 8 = 14$입니다.

18 ⦁ : 3번 → $1 \times 3 = 3$,
     ⦂ : 1번 → $2 \times 1 = 2$,
     ⦛ : 0번 → $3 \times 0 = 0$
   → 나온 점의 수의 전체 합: $3 + 2 + 0 = 5$

3 길이 재기

1 l / m, 미터
2 (1) 1 m (2) 3 m
3 ( )(○)
4 1, 70
5 (1) 4 (2) 500 (3) 3, 80 (4) 260

1 150 cm는 1 m 50 cm라고도 씁니다.
　1 m 50 cm는 1 미터 50 센티미터라고 읽습니다.

4 액자의 한끝이 줄자의 눈금 0에 맞추어져 있으
　므로 다른 쪽 끝에 있는 줄자의 눈금을 읽으면
　170입니다.
　→ 170 cm=1 m 70 cm

5 (1) 100 cm=1 m → 400 cm=4 m
　(2) 1 m=100 cm → 5 m=500 cm
　(3) 380 cm=300 cm+80 cm
　　　　　＝3 m+80 cm
　　　　　＝3 m 80 cm
　(4) 2 m 60 cm=2 m+60 cm
　　　　　　＝200 cm+60 cm
　　　　　　＝260 cm

1 2, 60 / 60 / 2, 60
2 (1) 3, 90 (2) 9, 50
3 (1) 6, 33 (2) 8, 95
4 ( )(○)( )
5 3, 76

4
```
    7 m  20 cm        3 m  40 cm
+   2 m  40 cm    +   5 m  40 cm
    9 m  60 cm        8 m  80 cm
```

5
```
    2 m  30 cm
+   1 m  46 cm
    3 m  76 cm
```

01 ( )(○)　　02 ( )
　　　　　　　　　　(○)
03 1, 50　　　　04 45 / 1, 45
05 (1)
　　(2)
　　(3)
06 136, 1, 36　　07 미나
08 (1) cm (2) m (3) cm
09 ㉡, 503　　　10 ㉢, ㉣
11 예

물건	☐ cm	☐ m ☐ cm
책상	115 cm	1 m 15 cm
칠판	162 cm	1 m 62 cm

12 8, 5, 2
13 (1) 7, 37 (2) 8, 73
14 6, 25　　　　　15 2, 47
16
```
    7 m   2 cm
+   1 m  40 cm
    8 m  42 cm
```
17 6 m 60 cm, 9 m 90 cm
18 ㉡
19 1 m 20 cm+5 m 50 cm,
　4 m 60 cm+2 m 10 cm에 색칠
20 11, 65　　　　21 280
22 3, 99　　　　23 9, 48
24 7, 79

03 한 줄로 놓인 물건들의 한끝이 줄자의 눈금 **0**에 맞추어져 있으므로 다른 쪽 끝에 있는 줄자의 눈금을 읽으면 **150**입니다.
→ 150 cm=1 m 50 cm

04 145 cm는 1 m보다 45 cm 더 깁니다.
145 cm를 1 m 45 cm라고도 씁니다.

05 (1) 354 cm=300 cm+54 cm
=3 m+54 cm=3 m 54 cm
(2) 304 cm=300 cm+4 cm
=3 m+4 cm=3 m 4 cm
(3) 350 cm=300 cm+50 cm
=3 m+50 cm=3 m 50 cm

06 준수의 머리 끝에 있는 자의 눈금을 읽으면 **136**입니다. → 136 cm=1 m 36 cm

07 4 m 51 cm=451 cm,
4 m 3 cm=403 cm
451 cm>430 cm>403 cm이므로 가장 긴 길이를 말한 사람은 미나입니다.

09 5 m 3 cm=503 cm

10 줄넘기의 왼쪽 끝이 줄자의 눈금 **0**에 맞추어져 있으므로 오른쪽 끝에 있는 줄자의 눈금을 읽으면 **210**입니다. → 210 cm=2 m 10 cm

11 실생활에서 1 m보다 긴 물건을 찾아 길이를 재어 봅니다.

12 8>5>2이므로 가장 긴 길이는 8 m 52 cm 입니다.

13 (1)　　2 m　23 cm
　　＋　5 m　14 cm
　　　　7 m　37 cm
(2)　　3 m　41 cm
　　＋　5 m　32 cm
　　　　8 m　73 cm

14　　2 m　20 cm
　　＋　4 m　 5 cm
　　　　6 m　25 cm

15 1 m 15 cm+1 m 32 cm=2 m 47 cm

17 4 m 50 cm+2 m 10 cm=6 m 60 cm
6 m 60 cm+3 m 30 cm=9 m 90 cm

18 ㉠ 3 m 56 cm+6 m 21 cm=9 m 77 cm
㉡ 5 m 80 cm+4 m 12 cm=9 m 92 cm
→ 9 m 77 cm<9 m 92 cm
따라서 길이가 더 긴 것은 ㉡입니다.

19 1 m 20 cm+5 m 50 cm=6 m 70 cm
2 m 30 cm+7 m 45 cm=9 m 75 cm
3 m 10 cm+4 m 26 cm=7 m 36 cm
4 m 60 cm+2 m 10 cm=6 m 70 cm

20 (은행나무의 높이)
=(감나무의 높이)+2 m 20 cm
=9 m 45 cm+2 m 20 cm
=11 m 65 cm

21 1 m 10 cm+1 m 70 cm
=2 m 80 cm=280 cm

22 256 cm=2 m 56 cm
→ 1 m 43 cm+2 m 56 cm=3 m 99 cm
참고 길이의 단위가 다르면 단위를 같게 하여 더합니다.

23 (윤서가 달린 거리)
=6 m 32 cm+3 m 16 cm
=9 m 48 cm

24 가장 긴 길이: 5 m 20 cm
가장 짧은 길이: 2 m 59 cm
→ 5 m 20 cm+2 m 59 cm=7 m 79 cm

068쪽 1STEP 교과서 개념 잡기

1 1, 30 / 30 / 1, 30
2 (1) 4, 60　(2) 1, 10
3 (1) 3, 17　(2) 5, 35
4 (×)(　)(　)　　**5** 6, 68

4 cm끼리 뺄 때 같은 자리 수끼리 계산합니다.

5　9 m 78 cm−3 m 10 cm=6 m 68 cm

1 15
2 (1) 4　(2) 4
3 (○)(　)(○)(　)
4 　(1)　(2)

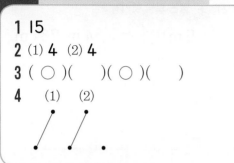

2 (2) 세호가 양팔을 벌린 길이는 약 1 m입니다.
1 m의 4배는 4 m이므로 신문지를 이어서
만든 길이는 약 4 m입니다.

4 (1) 기타의 길이는 1 m에 가깝습니다.
(2) 2층 건물의 높이는 7 m에 가깝습니다.

072쪽 2STEP 수학익힘 문제 잡기

01 (1) 6, 23　(2) 1, 65
02 1 m 20 cm　　　**03** 1, 45
04 1 m 30 cm
05 2 m 32 cm
06 선생님, 1 m 15 cm
07 3 m
08 (1) 2 m　(2) 20 m
09 3 m　　　　　**10** 10 m
11 ㉡, ㉢　　　　**12** 8 m

01 (1)　　　8 m　48 cm　(2)　　　4 m　96 cm
　　　　－　2 m　25 cm　　　　－　3 m　31 cm
　　　　　　6 m　23 cm　　　　　　1 m　65 cm

02 2 m 75 cm－1 m 55 cm＝1 m 20 cm

03 3 m 58 cm－2 m 13 cm＝1 m 45 cm

04 150 cm＝1 m 50 cm
→ 2 m 80 cm－1 m 50 cm＝1 m 30 cm

---

05 (늘어난 길이)＝(잡아당긴 후의 고무줄 길이)
－(처음 고무줄 길이)
따라서 늘어난 길이는
4 m 75 cm－2 m 43 cm
＝2 m 32 cm입니다.

06 2 m 49 cm＞1 m 34 cm이므로 선생님이
2 m 49 cm－1 m 34 cm＝1 m 15 cm
더 멀리 뛰었습니다.

07 1 m인 색 테이프의 3배 정도이므로 막대의 길
이는 약 3 m입니다.

09 1 m의 3배 정도이므로 창문의 길이는 약 3 m
입니다.

10 약 2 m의 5배 정도이므로 야외 무대의 길이는
약 10 m입니다.

11 10 m는 1 m의 10배입니다.
따라서 길이가 10 m보다 긴 것은 ㉡, ㉢입니다.

12 (밭의 길이)
＝(울타리 4칸의 길이)＋(자동차의 길이)
4＋4＝8 (m) → 밭의 길이: 약 8 m

074쪽 3STEP 서술형 문제 잡기

※서술형 문제의 예시 답안입니다.
1 이유 0, 10
2 이유 화단의 한쪽 끝을 줄자의 눈금 0에 맞추
어야 하는데 5에 맞추었기 때문입니다. ▶5점
3 1단계 '낮고'에 ○표, '높습니다'에 ○표
2단계 가
답 가
4 1단계 405 cm는 5 m보다 낮고, 5 m 14 cm
는 5 m보다 높습니다. ▶3점
2단계 터널을 지나려면 5 m보다 높이가 낮아
야 하므로 지날 수 없는 트럭은 나입니다. ▶2점
답 나

개념책

3
단원

5 (1단계) **3, 2**   (2단계) **지유**
   (답) **지유**

6 (1단계) 진수가 어림한 길이는 약 **3 m**이고, 서희가 어림한 길이는 약 **4 m**입니다. ▶3점
   (2단계) 더 짧은 길이를 어림한 사람은 진수입니다. ▶2점
   (답) **진수**

7 (1단계) **3, 64**
   (2단계) **4, 2, 3** 또는 **4, 3, 2**

8 (1단계) **7, 48**   (2단계) 예 **8, 7, 6**

---

6 (참고) 7×3=21이므로 7뼘이 약 1 m일 때 21뼘은 약 3 m입니다.

8 (채점 가이드) 수 카드를 한 번씩만 사용하여 7 m 48 cm보다 긴 길이를 만들었는지 확인합니다.
➡ **8 m 76 cm, 8 m 67 cm, 7 m 86 cm, 7 m 68 cm**를 만들 수 있습니다.

076쪽   3단원 마무리

01 m
02 미터, 센티미터
03 4, 25
04 2, 30
05 3, 10
06 140, 1, 40
07 6
08 >
09 5, 60 / 1, 20
10 (1), (2), (3)
11 10 m
12 2 m 93 cm
13 4
14 ㉡
15 2, 31
16 4, 6, 9
17 4
18 3, 34

(서술형)   ※서술형 문제의 예시 답안입니다.

19 줄자로 길이 재는 방법을 생각하여 이유 쓰기 ▶5점

책상의 한쪽 끝을 줄자의 눈금 0에 맞추어야 하는데 1에 맞추었기 때문입니다.

---

20 ❶ 5 m와 두 트럭의 높이 비교하기 ▶3점
   ❷ 터널을 지날 수 없는 트럭 찾기 ▶2점

❶ 612 cm는 5 m보다 높고, 4 m 78 cm는 5 m보다 낮습니다.
❷ 터널을 지나려면 5 m보다 높이가 낮아야 하므로 지날 수 없는 트럭은 가입니다.
(답) **가**

---

03 425 cm=400 cm+25 cm
          =4 m+25 cm=4 m 25 cm

04
$$\begin{array}{r} 1\ \text{m} \quad 10\ \text{cm} \\ +\ 1\ \text{m} \quad 20\ \text{cm} \\ \hline 2\ \text{m} \quad 30\ \text{cm} \end{array}$$

06 줄자의 눈금이 140을 나타내고 있습니다.
➡ 140 cm=1 m 40 cm

07 1 m인 끈의 6배 정도이므로 나무 막대의 길이는 약 6 m입니다.

08 2 m 1 cm=201 cm ➡ 210 cm>201 cm

09 합: 3 m 40 cm+2 m 20 cm=5 m 60 cm
   차: 3 m 40 cm−2 m 20 cm=1 m 20 cm

10 1 m보다 짧은 물건의 길이는 cm로, 1 m보다 긴 물건의 길이는 m로 나타내는 것이 알맞습니다.

11 실제 길이에 가장 알맞은 길이를 찾아봅니다.

12 1 m 61 cm+1 m 32 cm=2 m 93 cm

13 1 m 간격이 4개이므로 약 4 m입니다.

14 실생활에서 1 m보다 긴 길이를 찾아봅니다.

15 3 m 46 cm−1 m 15 cm=2 m 31 cm

16 주어진 수 카드를 작은 수부터 차례로 놓으면 4<6<9입니다. 따라서 가장 짧은 길이는 4 m 69 cm입니다.

17 연아의 두 걸음이 약 1 m이므로 8걸음은 약 4 m입니다.

18 6 m 48 cm>4 m 72 cm>3 m 14 cm
   ➡ 6 m 48 cm−3 m 14 cm=3 m 34 cm

4 시각과 시간

082쪽 **1STEP 교과서 개념 잡기**

1 3, 10 / 3, 10
2 15, 25, 35, 45, 55
3 (1) 30 (2) 25　　　　**4** (1) 11, 55 (2) 6, 20
5 (　)(　)(◯)
6 (1) 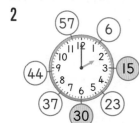　(2)

3 (1) 긴바늘: 6 ➡ 30분
　　(2) 긴바늘: 5 ➡ 25분

5 2시 25분은 짧은바늘이 2와 3 사이를 가리키고 긴바늘이 5를 가리킵니다.

6 (1) 1시 50분이므로 긴바늘이 10을 가리키도록 그립니다.
　　(2) 10시 35분이므로 긴바늘이 7을 가리키도록 그립니다.

084쪽 **1STEP 교과서 개념 잡기**

1 10, 14 / 10, 14
2

（57）（6）
（44）（15）
（37）（30）（23）

3 (1) 49 (2) 13　　　　**4** (1) 3, 19 (2) 10, 27
5 (◯)(　)
6 (1)　(2)

3 (1) 짧은바늘이 5와 6 사이를 가리키고, 긴바늘이 9에서 작은 눈금 4칸을 더 간 곳을 가리키므로 5시 49분입니다.
　　(2) 짧은바늘이 11과 12 사이를 가리키고, 긴바늘이 2에서 작은 눈금 3칸을 더 간 곳을 가리키므로 11시 13분입니다.

5 짧은바늘이 6과 7 사이를 가리키고, 긴바늘이 2에서 작은 눈금 3칸을 더 간 곳을 가리키므로 6시 13분입니다.

6 (1) 3시 31분이므로 긴바늘이 6에서 작은 눈금 1칸을 더 간 곳을 가리키도록 그립니다.
　　(2) 11시 54분이므로 긴바늘이 10에서 작은 눈금 4칸을 더 간 곳을 가리키도록 그립니다.

086쪽 **1STEP 교과서 개념 잡기**

1 10 / 4 / 10 / 4, 10
2 (1) 50, 10 (2) 55, 5
3 (1) 11, 10 (2) 1, 5
4 (1)
　　(2)
　　(3)
5

1 시계가 나타내는 시각은 3시 50분이고, 4시 10분 전이라고도 합니다.

2 (1) 8시 50분은 9시가 되기 10분 전이므로 9시 10분 전이라고도 합니다.
　　(2) 6시 55분은 7시가 되기 5분 전이므로 7시 5분 전이라고도 합니다.

3 (1) 10시 50분은 11시가 되기 10분 전이므로 11시 10분 전이라고도 합니다.
(2) 12시 55분은 1시가 되기 5분 전이므로 1시 5분 전이라고도 합니다.

4 (1) 7시 50분은 8시가 되기 10분 전이므로 8시 10분 전입니다.
(2) 4시 55분은 5시가 되기 5분 전이므로 5시 5분 전입니다.
(3) 2시 50분은 3시가 되기 10분 전이므로 3시 10분 전입니다.

5 2시 10분 전은 2시가 되기 10분 전이므로 1시 50분입니다. 긴바늘이 10을 가리키도록 그립니다.

13 민아

14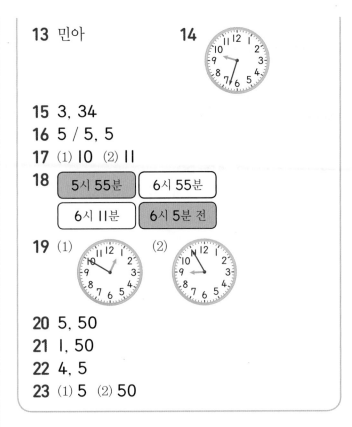

15 3, 34

16 5 / 5, 5

17 (1) 10 (2) 11

18

5시 55분	6시 55분
6시 11분	6시 5분 전

19 (1) (2)

20 5, 50

21 1, 50

22 4, 5

23 (1) 5 (2) 50

01 짧은바늘: 7과 8 사이, 긴바늘: 3
→ 7시 15분

02 짧은바늘: 2와 3 사이, 긴바늘: 10
→ 2시 50분
주의 짧은바늘이 3에 더 가깝다고 해서 3시 50분으로 생각하지 않도록 주의합니다.

03 9시 30분이므로 긴바늘이 6을 가리키도록 그립니다.

04 55분을 나타내려면 긴바늘이 11을 가리키도록 그려야 합니다.

05 7시 10분은 짧은바늘이 7과 8 사이를 가리키고, 긴바늘이 2를 가리키도록 그려야 합니다.

06 • 짧은바늘: 5와 6 사이, 긴바늘: 5
→ 5시 25분(↓ 방향)
• 짧은바늘: 7과 8 사이, 긴바늘: 2
→ 7시 10분(→ 방향)
• 짧은바늘: 1과 2 사이, 긴바늘: 8
→ 1시 40분(➡ 방향)
따라서 만나는 과일은 귤입니다.

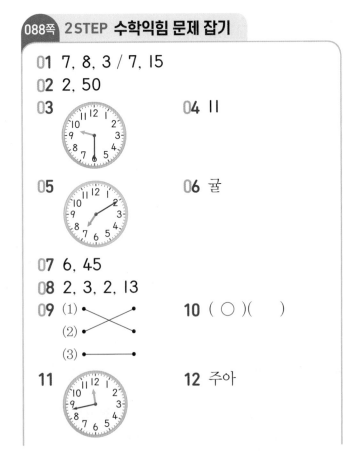

088쪽 2STEP 수학익힘 문제 잡기

01 7, 8, 3 / 7, 15
02 2, 50
03
04 11
05
06 귤
07 6, 45
08 2, 3, 2, 13
09 (1) (2) (3)
10 (○)( )
11
12 주아

07 짧은바늘: 6과 7 사이, 긴바늘: 9
→ 6시 45분

08 짧은바늘: 2와 3 사이, 긴바늘: 2에서 작은 눈금 3칸을 더 간 곳
→ 2시 13분

09 (1) 짧은바늘: 7과 8 사이, 긴바늘: 10에서 작은 눈금 2칸을 더 간 곳
→ 7시 52분
(2) 짧은바늘: 6과 7 사이, 긴바늘: 4에서 작은 눈금 4칸을 더 간 곳
→ 6시 24분
(3) 짧은바늘: 5와 6 사이, 긴바늘: 3에서 작은 눈금 2칸을 더 간 곳
→ 5시 17분

10 7시 48분은 짧은바늘이 7시와 8시 사이를 가리키고, 긴바늘이 9에서 작은 눈금 3칸을 더 간 곳을 가리킵니다.

11 11시 43분이므로 긴바늘이 8에서 작은 눈금 3칸을 더 간 곳을 가리키도록 그립니다.

12 짧은바늘: 2와 3 사이, 긴바늘: 2에서 작은 눈금 4칸을 더 간 곳
→ 2시 14분
따라서 바르게 말한 친구는 주아입니다.

13 민아가 놀이터에 도착한 시각: 6시 4분
주호가 놀이터에 도착한 시각: 6시 12분
→ 더 빨리 놀이터에 도착한 사람: 민아

14 9시 33분일 때 긴바늘은 6에서 작은 눈금 3칸을 더 간 곳을 가리키도록 그려야 합니다.

15 짧은바늘이 3과 4 사이를 가리키고, 긴바늘이 6에서 작은 눈금 4칸을 더 간 곳을 가리키므로 3시 34분입니다.

16 시계가 나타내는 시각은 4시 55분이므로 5분이 더 지나면 5시가 됩니다. 따라서 4시 55분은 5시 5분 전으로 나타낼 수 있습니다.

17 (1) 8시 50분은 9시가 되기 10분 전이므로 9시 10분 전이라고도 합니다.
(2) 12시 5분 전은 12시가 되기 5분 전이므로 11시 55분입니다.

18 시계가 나타내는 시각은 5시 55분입니다.
5시 55분은 6시 5분 전이라고도 합니다.

19 (1) 1시 10분 전은 1시가 되기 10분 전이므로 12시 50분입니다.
긴바늘이 10을 가리키도록 그립니다.
(2) 9시 5분 전은 9시가 되기 5분 전이므로 8시 55분입니다.
긴바늘이 11을 가리키도록 그립니다.

20 시계가 나타내는 시각은 6시입니다.
6시에서 10분 전의 시각은 5시 50분입니다.

21 2시가 되기 10분 전의 시각은 1시 50분입니다.

22 3시 55분은 4시가 되기 5분 전이므로 4시 5분 전입니다.

23 (1) 시계가 나타내는 시각은 1시 55분입니다.
1시 55분은 2시가 되기 5분 전이므로 2시 5분 전이라고도 합니다.
(2) 시계가 나타내는 시각은 11시 50분입니다.
11시 50분은 12시가 되기 10분 전이므로 12시 10분 전이라고도 합니다.

092쪽 1STEP 교과서 개념 잡기

1 1, 40, 100
2 60, 1
3 (1) 60 (2) 110 (3) 1, 10 (4) 1, 30
4

과자 만들기	그림 그리기	딸기 따기
9:00~9:50	11:00~12:10	3:00~3:55

5 (1) 5시 10분 20분 30분 40분 50분 6시 10분 20분 30분 40분 50분 7시

(2) 1, 30, 90

1 1시간 40분＝60분＋40분＝100분

2 긴바늘이 한 바퀴 움직였으므로 민정이가 책을 읽는 데 걸린 시간은 60분＝1시간입니다.

3 ⑴ 1시간＝60분
⑵ 1시간 50분＝60분＋50분＝110분
⑶ 70분＝60분＋10분＝1시간 10분
⑷ 90분＝60분＋30분＝1시간 30분

4 • 과자 만들기: 50분
• 그림 그리기: 1시간 10분
• 딸기 따기: 55분
따라서 걸린 시간이 1시간이 넘는 활동은 그림 그리기입니다.

5 ⑴ 5시부터 6시 30분까지 시간 띠에 색칠합니다.
⑵ 1시간보다 30분 더 걸렸으므로 우진이가 등산하는 데 걸린 시간은 1시간 30분＝90분입니다.

094쪽 1STEP 교과서 개념 잡기

1 오전, 오후, 24 / 24
2 ⑴ '오전'에 ○표   ⑵ '오후'에 ○표
3 ⑴ 1시간, 6시간, 2시간
⑵ '점심 식사', '동물원 관람', '저녁 식사', '독서'에 ○표
4 ⑴ 48   ⑵ 3
5

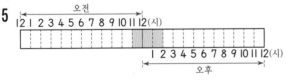

/ 3

---

2 전날 밤 12시부터 낮 12시까지를 오전, 낮 12시부터 밤 12시까지를 오후라고 합니다.

3 ⑴ 희재의 생활 계획표를 보고 걸리는 시간을 빈칸에 써넣습니다.
⑵ 낮 12시부터 밤 12시까지 계획한 일을 찾아 ○표 합니다.

---

4 ⑴ 2일＝24시간＋24시간＝48시간
⑵ 72시간＝24시간＋24시간＋24시간
＝1일＋1일＋1일＝3일

5 시간 띠에 오전 11시부터 오후 2시까지 색칠합니다. 시간 띠에서 한 칸은 1시간을 나타내고 색칠한 부분은 3칸이므로 놀이터에 있었던 시각은 3시간입니다.

096쪽 1STEP 교과서 개념 잡기

1 31, 7
2 ⑴ 21   ⑵ 2, 3   ⑶ 24   ⑷ 1, 4
3 ⑴ 4   ⑵ 화
4 ⑴ 30, 31, 30, 31
⑵ 4, 6, 9, 11

---

1 • 달력에 날짜가 1부터 31까지 있으므로 10월은 모두 31일입니다.
• 1주일은 7일이므로 같은 요일은 7일마다 반복됩니다.

2 1주일＝7일, 1년＝12개월임을 이용합니다.
⑴ 3주일＝7일＋7일＋7일＝21일
⑵ 17일＝7일＋7일＋3일＝2주일 3일
⑶ 2년＝12개월＋12개월＝24개월
⑷ 16개월＝12개월＋4개월＝1년 4개월

3 ⑴ 수요일은 7일, 14일, 21일, 28일로 4번 있습니다.
⑵ 달력에서 6월 6일을 찾으면 화요일입니다.

4 ⑵ 내려간 부분은 2, 4, 6, 9, 11월이고, 2월은 28일이므로 날수가 30일인 월은 4월, 6월, 9월, 11월입니다.

01 I시간

02

03 (1)•　　•
(2)　　(교차)
(3)•　　•

04 I, 30, 90

05 I, I0, 70

06 2바퀴

07 2시

08 20

09 5시 I0분 20분 30분 40분 50분 6시 I0분 20분 30분 40분 50분 7시 / I, 50

10 (1) 26　(2) 2, 2

11
오전
I2 I 2 3 4 5 6 7 8 9 I0 II I2(시)
　　　　　　　　　　I 2 3 4 5 6 7 8 9 I0 II I2(시)
오후
/ 6시간

12 '오후'에 ○표 / I

13 영호

14 36

15 (　)(○)(　)

16
8월

일	월	화	수	목	금	토
		1	2	3	4	5
6	7	8	9	10	11	12
13	14	15	16	17	18	19
20	21	22	23	24	25	26
27	28	29	30	31		

17 달력의 8일에 ○표

18 (○)(　)
　( )(○)

19 4, 14

20 5, 5

21 II, 18

22 3

23 II, 25, 일

---

03 (1) 점심 먹기: 50분
(2) 체육 수업: 45분
(3) 책 읽기: I시간 I0분

04 7시 $\xrightarrow{\text{I시간}}$ 8시 $\xrightarrow{\text{30분}}$ 8시 30분
→ I시간 30분=90분

05 8시 30분 $\xrightarrow{\text{I시간}}$ 9시 30분 $\xrightarrow{\text{I0분}}$ 9시 40분
→ I시간 I0분=70분

---

06 멈춘 시계의 시각: 3시 30분
3시 30분에서 5시 30분이 되려면 2시간이 지나야 하므로 긴바늘을 2바퀴 돌리면 됩니다.

07 30분씩 2가지 직업을 체험했으므로 직업 체험을 한 시간은 I시간입니다. → 끝난 시각: 2시

08 시계의 긴바늘이 한 바퀴를 돌려면 20분을 더 해야 합니다.

09 I시간보다 50분 더 걸렸으므로 공연장에서 보낸 시간은 I시간 50분입니다.

10 (1) I일 2시간=24시간+2시간=26시간
(2) 50시간=24시간+24시간+2시간
　　　　　=2일 2시간

11 시간 띠를 오전 II시부터 오후 5시까지 색칠합니다. 한 칸은 I시간을 나타내므로 6칸은 6시간입니다.

12 오전 I0시 $\xrightarrow{\text{2시간}}$ 낮 I2시 $\xrightarrow{\text{I시간}}$ 오후 I시
오전 I0시에서 3시간 후는 오후 I시입니다.

13 국제시장은 첫날 오후에 구경했습니다.

14 첫날 오전 8시부터 다음 날 오전 8시까지
→ 24시간
다음 날 오전 8시부터 오후 8시까지 → I2시간
→ 24+I2=36(시간)

15 9월: 30일, 2월: 28일 또는 29일, I2월: 3I일
→ 날수가 가장 적은 월은 2월입니다.

17 같은 요일은 7일마다 반복됩니다. 첫째 화요일이 I일이므로 둘째 화요일은 8월 8일입니다.

18 • 30일까지 있는 월: 4월, 6월, 9월, II월
• 31일까지 있는 월: I월, 3월, 5월, 7월, 8월, I0월, I2월
• 28일 또는 29일까지 있는 월: 2월

19 28일의 2주일 전: 28-7-7=I4(일)
따라서 예준이의 생일은 4월 I4일입니다.

20 4월 28일 $\xrightarrow{\text{2일 후}}$ 4월 30일 $\xrightarrow{\text{5일 후}}$ 5월 5일

21 달력에서 셋째 일요일을 찾으면 18일입니다.
따라서 지아의 그림 그리기 대회는 11월 18일입니다.

22 대회 전까지 11월에 금요일은 2일, 9일, 16일로 모두 3일입니다.

> 주의 대회 전까지 연습을 하므로 23일, 30일은 세지 않도록 주의합니다.

23 대회 1주일 후는 18+7=25(일)입니다.
따라서 그림 그리기 대회 결과를 알게 되는 날은 11월 25일 일요일입니다.

102쪽 3STEP 서술형 문제 잡기

※서술형 문제의 예시 답안입니다.

1 이유 25

2 이유 긴바늘이 8을 가리키면 40분이기 때문입니다. ▶5점

3 1단계 7, 45   2단계 주경
답 주경

4 1단계 미나가 잔 시각은 9시 50분으로 나타낼 수 있습니다. ▶3점
2단계 따라서 더 늦게 잔 사람은 미나입니다. ▶2점

답 미나

5 1단계 50, 40   2단계 50, 40, 현민
답 현민

6 1단계 재희가 운동을 한 시간은 40분이고, 선호가 운동을 한 시간은 30분입니다. ▶4점
2단계 40분>30분이므로 운동을 더 오래 한 사람은 재희입니다. ▶1점
답 재희

7 이야기 12, 10

8 이야기 예 / 4시 35분에 엄마와 책을 읽었어. ▶5점

8 채점 가이드 시계에 나타낸 시각과 이야기에 쓴 시각이 맞는지 확인합니다. 나타낸 시각과 주어진 그림에 맞게 이야기를 썼으면 정답으로 인정합니다.

104쪽 4단원 마무리

01 '분'에 ○표

02 (위에서부터) 4, 8 / 35, 55

03 10, 25   **04** '오전'에 ○표

05 (1) •   •
(2) ✕
(3) •   •

06

07 7, 50 / 8, 10   **08** 4

09 3시 10분 20분 30분 40분 50분 4시 10분 20분 30분 40분 50분 5시

10 1, 10   **11** ㉠

12 4, 11, 18, 25   **13** 목

14 8, 6   **15** 4

16 ⏰ / 11, 50

17 3바퀴

18 90

서술형   ※서술형 문제의 예시 답안입니다.

19
❶ 규민이가 일어난 시각을 몇 시 몇 분으로 나타내기 ▶3점
❷ 더 늦게 일어난 사람은 누구인지 구하기 ▶2점

❶ 규민이가 일어난 시각은 7시 55분으로 나타낼 수 있습니다.
❷ 더 늦게 일어난 사람은 규민입니다.
답 규민

20
❶ 태주와 지안이가 그림을 그린 시간 각각 구하기 ▶4점
❷ 그림을 더 오래 그린 사람 찾기 ▶1점

❶ 태주가 그림을 그린 시간은 40분이고, 지안이가 그림을 그린 시간은 50분입니다.
❷ 40분<50분이므로 그림을 더 오래 그린 사람은 지안입니다.
답 지안

03 짧은바늘이 10과 11 사이를 가리키고, 긴바늘이 5를 가리키므로 10시 25분입니다.

04 전날 밤 12시부터 낮 12시까지를 오전이라고 합니다.

05 (1) 짧은바늘: 12와 1 사이, 긴바늘: 10에서 작은 눈금 1칸을 더 간 곳
→ 12시 51분

(2) 짧은바늘: 2와 3 사이, 긴바늘: 8에서 작은 눈금 3칸을 더 간 곳
→ 2시 43분

(3) 짧은바늘: 7과 8 사이, 긴바늘: 6에서 작은 눈금 3칸을 더 간 곳
→ 7시 33분

06 28분이므로 긴바늘이 5에서 작은 눈금으로 3칸을 더 간 곳을 가리키도록 그립니다.

07 시계가 나타내는 시각은 7시 50분입니다.
7시 50분은 8시가 되기 10분 전이므로 8시 10분 전이라고도 합니다.

08 28일=7일+7일+7일+7일
   =1주일+1주일+1주일+1주일
   =4주일

10 시간 띠 한 칸의 크기는 10분을 나타내므로 7칸은 70분입니다.
따라서 명수가 숙제를 하는 데 걸린 시간은 70분=1시간 10분입니다.

11 ○ 1시간 10분=70분
따라서 80분＞70분이므로 더 긴 시간을 나타내는 것은 ㉠입니다.

14 7월 30일 $\xrightarrow{1일 \text{ } 후}$ 7월 31일 $\xrightarrow{6일 \text{ } 후}$ 8월 6일

15 오전 11시부터 오후 3시까지는 4시간입니다.

16 12시 10분 전은 12시가 되기 10분 전의 시각이므로 11시 50분입니다.
→ 긴바늘이 10을 가리키도록 그립니다.

17 멈춘 시계의 시각: 7시 30분
7시 30분에서 10시 30분이 되려면 3시간이 지나야 하므로 긴바늘을 3바퀴 돌리면 됩니다.

18 1시 10분 $\xrightarrow{1시간}$ 2시 10분 $\xrightarrow{30분}$ 2시 40분
→ 1시간 30분=90분

5 표와 그래프

110쪽 1STEP 교과서 개념 잡기

1 3, 2
2 ㉣, ㉡, ㉢
3 (1) 사과 (2) 10명
   (3) 2, 1

1 자료의 수를 세어 표의 빈칸에 알맞은 수를 써넣습니다.

2 무엇을 조사할지 정하기 → 조사 방법 정하기 → 자료 조사하기 → 표로 나타내기

3 (3) 좋아하는 과일별로 /, ×와 같은 표시를 사용하여 자료를 빠뜨리거나 여러 번 세지 않도록 합니다.

112쪽 1STEP 교과서 개념 잡기

1 1, 4 /

학생들이 좋아하는 운동별 학생 수

4			○	
3			○	○
2	○		○	○
1	○	○	○	○
학생 수(명) 운동	농구	야구	축구	수영

2 학생들이 가 보고 싶은 체험 학습 장소별 학생 수

6		/		
5		/		
4		/	/	
3	/	/		/
2	/	/	/	/
1	/	/	/	/
학생 수(명) 장소	산	놀이공원	박물관	유적지

3 학생들이 좋아하는 악기별 학생 수

악기 \ 학생 수(명)	1	2	3	4	5	6
탬버린	×	×	×	×	×	
바이올린	×	×	×			
기타	×	×	×	×		
플루트	×	×				
피아노	×	×	×	×	×	×

1 좋아하는 운동별 학생 수만큼 아래에서 위로 ○를 한 칸에 하나씩 빠짐없이 표시합니다.

2 표를 보고 장소별 학생 수만큼 /을 표시합니다.
놀이공원: **6**칸, 박물관: **4**칸, 유적지: **2**칸

3 좋아하는 악기별 학생 수만큼 왼쪽에서 오른쪽으로 ×를 한 칸에 하나씩 빠짐없이 표시합니다.
피아노: **6**칸, 플루트: **2**칸, 기타: **4**칸, 바이올린: **3**칸, 탬버린: **5**칸

114쪽 1STEP 교과서 개념 잡기

1 8, 3, 감자
2 2, 4, 2, 1, 3, 12
3 승훈이네 반 학생들이 궁금한 나라별 학생 수

학생 수(명) \ 나라	이집트	미국	일본	영국	프랑스
4		○			
3		○			○
2	○	○	○		○
1	○	○	○	○	○

4 12, 미국

1 • 표에서 합계를 보면 조사한 전체 학생 수는 **8**명입니다.
• 표에서 당근을 좋아하는 학생 수는 **3**명입니다.
• **1**<**3**<**4**이므로 가장 적은 학생들이 좋아하는 채소는 **1**명이 좋아하는 감자입니다.

2 조사한 것을 빠짐없이 세어 표로 나타냅니다.

3 궁금한 나라별 학생 수만큼 아래에서 위로 ○를 한 칸에 하나씩 빠짐없이 표시합니다.

4 승훈이네 반 학생 수는 **12**명입니다.
승훈이네 반 학생들이 가장 궁금한 나라는 그래프에서 ○가 가장 많은 미국입니다.

116쪽 2STEP 수학익힘 문제 잡기

01 3가지
02 재석, 현서, 민아, 석호 / 예은, 용빈, 채윤
03 3, 5, 4, 12
04 16명
05 6, 4, 4, 2, 16
06 ㉡
07 3, 2, 4, 2, 11 / ㉢
08 (1) 5, 3, 5, 13 (2) 2
09 ㉠, ㉣, ㉡
10 서은이의 옷장에 있는 종류별 옷 수

옷 수(벌) \ 종류	윗옷	바지	치마
5	○		
4	○		
3	○	○	
2	○	○	○
1	○	○	○

11 찬유네 반 학생들이 만들고 싶은 음식별 학생 수

학생 수(명) \ 음식	샌드위치	떡볶이	김밥	피자
5	○			
4	○			○
3	○		○	○
2	○	○	○	○
1	○	○	○	○

12 표
13 찬유네 반 학생들이 만들고 싶은 음식별 학생 수

음식 \ 학생 수(명)	1	2	3	4	5
피자	×	×	×	×	
김밥	×	×	×		
떡볶이	×	×			
샌드위치	×	×	×	×	×

14 리아   **15** 벚나무

16 벚나무, 은행나무

17 예   효주네 반 학생들이 좋아하는 과목별 학생 수

과목	음악	과학	체육	미술	합계
학생 수(명)	2	3	4	3	12

18 예   효주네 반 학생들이 좋아하는 과목별 학생 수

4			/	
3		/	/	/
2	/	/	/	/
1	/	/	/	/
학생 수(명) 과목	음악	과학	체육	미술

19 체육   **20** 과학, 미술

21 체육, 음악   **22** ㉡, ㉢

---

01 장미, 해바라기, 튤립으로 **3**가지입니다.

02 주의   이름을 여러 번 쓰지 않도록 주의합니다.

04 전체 그림 카드가 **16**개이므로 민서네 반 학생은 모두 **16**명입니다.

05 좋아하는 과일별로 표시를 하면서 세어 봅니다.

06 ㉠은 표에서는 알 수 없습니다.

07 ㉠: **3**개, ㉡: **2**개, ㉢: **4**개, ㉣: **2**개
(합계)=**3**+**2**+**4**+**2**=**11**(개)
가장 많이 사용한 조각은 **4**개인 ㉢입니다.

08 ⑵ 노란색 연결 모형이 **3**개 있습니다.
따라서 노란색 연결 모형이 **5**−**3**=**2**(개)
없어졌습니다.

09 조사한 자료 살펴보기 ➡ 가로와 세로에 쓸 것 정하기 ➡ 가로와 세로를 각각 몇 칸으로 할지 정하기 ➡ 옷장에 있는 옷별 개수를 ○로 표시하기

10 옷장에 있는 종류별 옷 수만큼 아래에서 위로 ○를 한 칸에 하나씩 빠짐없이 표시합니다.

11 만들고 싶은 음식별 학생 수만큼 아래에서 위로 ○를 한 칸에 하나씩 빠짐없이 표시합니다.

12 표에는 합계가 있으므로 조사한 전체 학생 수를 알기 쉽습니다.

---

13 만들고 싶은 음식별 학생 수만큼 왼쪽에서 오른쪽으로 ×를 한 칸에 하나씩 빠짐없이 표시합니다.

14 **11**번 그래프와 **13**번 그래프의 가로와 세로는 각각 다릅니다.

15 은규네 반 학생들이 가장 좋아하는 나무는 그래프에서 ○가 가장 많은 벚나무입니다.

16 그래프에서 **4**칸을 기준으로 선을 그어 그 위에 ○가 그려진 나무를 찾으면 벚나무, 은행나무입니다.

17 학생들이 좋아하는 과목을 적고, 좋아하는 과목별로 표시를 하면서 세어 봅니다.

18 좋아하는 과목별 학생 수만큼 아래에서 위로 /을 한 칸에 하나씩 빠짐없이 표시합니다.

19 그래프에 표시한 것 중 /이 **3**칸보다 더 많이 그려진 과목은 체육입니다.

20 과학과 미술을 좋아하는 학생이 **3**명으로 같습니다.

21 체육을 고른 학생은 **4**명으로 가장 많았고, 음악을 고른 학생은 **2**명으로 가장 적었습니다.

22 ㉠ 전체 학생 수는 **2**+**3**+**4**+**3**=**12**(명)입니다.

120쪽 **3STEP 서술형 문제 잡기**

※서술형 문제의 예시 답안입니다.

1 설명 '많은'에 ○표, 줄넘기

2 설명 가장 많은 학생들이 좋아하는 동화책을 더 준비하면 좋을 것 같습니다. ▶5점

3 1단계 **5**, **3**
2단계 **5**, **3**, **2**
답 **2**명

4 (1단계) 봄은 **4**명, 겨울은 **1**명입니다. ▶ 2점

(2단계) 봄에 태어난 학생은 겨울에 태어난 학생보다 $4-1=3$(명) 더 많습니다. ▶ 3점

(답) **3**명

5 (1단계) **3, 1, 5, 4**

(2단계) **3, 1, 5, 4, 13**

(답) **13**개

6 (1단계) 바둑: **3**명, 게임: **2**명, 수영: **4**명, 독서: **5**명입니다. ▶ 2점

(2단계) 조사한 학생은 모두 $3+2+4+5=14$(명)입니다. ▶ 3점

(답) **14**명

7 (이야기) 마늘빵, 크림빵, 식빵, 팥빵

8 (이야기) (예) 학생 수가 적은 취미부터 순서대로 쓰면 게임, 바둑, 수영, 독서입니다. ▶ 5점

---

8 (채점 가이드) 그래프를 보고 알 수 있는 내용을 바르게 썼으면 정답으로 인정합니다.

122쪽 **5단원 마무리**

01 당근

02 서진, 희원, 우주

03 16명

04 4, 6, 3, 3, 16

05 3, 2, 3, 4, 12

06 선미네 반 학생들이 받고 싶은 선물별 학생 수

4				○
3	○		○	○
2	○	○	○	○
1	○	○	○	○
학생 수(명) 선물	인형	책	옷	로봇

07 학생 수

08 인형, 옷

09 14명

10 민웅이네 반 학생들이 좋아하는 곤충별 학생 수

5			/	
4			/	/
3		/	/	/
2	/	/	/	/
1	/	/	/	/
학생 수(명) 곤충	매미	메뚜기	잠자리	나비

11 곤충

12 그래프

13 강아지

14 ㉠, ㉢

15 강아지, 토끼

16 야구

17 (예) 승범이네 반 학생들이 좋아하는 공놀이별 학생 수

6	○			
5	○		○	
4	○	○	○	
3	○	○	○	○
2	○	○	○	○
1	○	○	○	○
학생 수(명) 공놀이	피구	농구	축구	야구

18 9명

서술형 ※서술형 문제의 예시 답안입니다.

19 준비하면 좋을 간식과 그 이유 쓰기 ▶ 5점

가장 많은 학생들이 좋아하는 치킨을 준비하면 좋을 것 같습니다.

20 ❶ 좋아하는 색깔별 학생 수 각각 구하기 ▶ 2점
❷ 조사한 학생은 모두 몇 명인지 구하기 ▶ 3점

❶ 빨강: **2**명, 노랑: **5**명, 초록: **4**명, 파랑: **3**명입니다.

❷ 조사한 학생은 모두 $2+5+4+3=14$(명)입니다.

(답) **14**명

01 자료를 보면 경현이는 당근을 좋아합니다.

02 자료에서 가지를 좋아하는 학생을 모두 찾아 이름을 씁니다.

03 전체 자료의 수를 세면 경현이네 반 학생은 모두 16명입니다.

04 좋아하는 채소별로 표시하며 세어 봅니다.

05 받고 싶은 선물별로 표시하며 세어 봅니다.

06 받고 싶은 선물별 학생 수만큼 아래에서 위로 ○를 한 칸에 하나씩 빠짐없이 표시합니다.

07 그래프의 세로에 학생 수, 가로에 선물을 나타냈습니다.

08 인형과 옷을 받고 싶어 하는 학생이 3명으로 같습니다.

09 2+3+5+4=14(명)

10 좋아하는 곤충별 학생 수만큼 아래에서 위로 /을 한 칸에 하나씩 빠짐없이 표시합니다.

11 그래프의 가로에 나타낸 것은 곤충입니다.

12 그래프는 가장 많은 학생이 좋아하는 곤충을 한눈에 알아보기 쉽습니다.

13 현주네 반 학생들이 가장 좋아하는 동물은 그래프에서 ○가 가장 많은 강아지입니다.

14 ⓛ 준기가 어떤 동물을 좋아하는지는 알 수 없습니다.

> **참고** • 자료: 누가 어떤 것을 좋아하는지 구체적으로 알 수 있습니다.
> • 표: 종류별 수나 전체 수를 쉽게 알 수 있습니다.
> • 그래프: 가장 많은 것과 가장 적은 것을 한눈에 알 수 있습니다.

15 그래프에서 3칸을 기준으로 선을 그어 그 위에 ○가 그려진 동물을 찾으면 강아지, 토끼입니다.

16 3<4<5<6이므로 가장 적은 학생들이 좋아하는 공놀이는 야구입니다.

17 좋아하는 공놀이별 학생 수만큼 아래에서 위로 ○를 한 칸에 하나씩 빠짐없이 표시합니다.

18 6+3=9(명)

6 규칙 찾기

128쪽 1STEP 교과서 개념 잡기

1 연두, 보라 / ' / '에 ○표

2 '시계 반대'에 ○표 /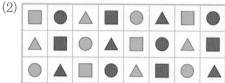

3 (1) 삼각형 / 초록색

(2)

■	●	▲	■	●	▲	■	●
▲	■	●	▲	■	●	▲	■
●	▲	■	●	▲	■	●	▲

4 (1)

1	2	3	3	1
2	3	3	1	2
3	3	1	2	3

(2) 3, 3

3 규칙1 에 따라 모양을 먼저 그리고, 규칙2 에 따라 색칠합니다.

4 무늬에 맞는 숫자를 쓰고 규칙을 찾습니다.

130쪽 1STEP 교과서 개념 잡기

1 1, 오른쪽

2 1 / 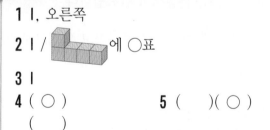 에 ○표

3 1

4 (○) ( )

5 ( ) (○)

3 똑같은 모양이 반복되는 부분을 찾으면 왼쪽에서 오른쪽으로 2개, 1개씩 반복됩니다.

4 아래쪽 규칙에서는 쌓기나무가 아래쪽으로 2개, 3개, 4개, ...로 늘어납니다.

5 쌓기나무의 수가 왼쪽에서 오른쪽으로 1개, 3개씩 반복됩니다.

132쪽 2STEP 수학익힘 문제 잡기

01 (하트 무늬 그리드)

02 ▣ / 시계

03 (1) ● (2) ▲

04 (구슬 팔찌 그림)

05 예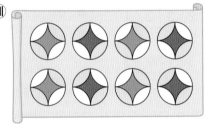

06 규민

07 3, 2

08 ㉢

09 10개

10 ㉢

11 4개 / 9개

12 16개

---

01 노란색, 초록색, 분홍색이 반복됩니다.

02 ● 모양이 시계 방향으로 돌아가고 있으므로 마지막 무늬는 ▣입니다.

03 (1) 원, 삼각형, 원이 반복됩니다.
    따라서 원을 그립니다.
    (2) 원, 삼각형, 사각형이 반복되고, 빨간색, 보라색이 반복되므로 삼각형을 그리고 보라색을 칠합니다.
    주의 (2)에서 모양과 색깔의 규칙이 다른 것에 주의합니다.

04 노란색, 초록색, 파란색이 각각 1개씩 늘어나며 반복되고 있습니다.
    노란색 4개 다음에는 초록색 5개를 색칠합니다.

05 각 무늬의 가운데는 파란색과 빨간색이 반복되고 테두리에는 노란색이 오른쪽 위와 왼쪽 아래, 왼쪽 위와 오른쪽 아래가 반복됩니다.
    채점 가이드 자신이 생각한 규칙으로 포장지의 무늬를 색칠했는지 확인합니다.

06 색칠된 부분이 시계 방향으로 돌아가고 있고, 색깔은 연두색과 파란색이 반복됩니다.

08 쌓기나무가 위쪽으로 2개씩 늘어나고 있습니다. 따라서 다음에 이어질 모양은 ㉢입니다.

09 위, 앞, 오른쪽에 쌓기나무가 각각 1개씩 더해지는 규칙입니다. 따라서 다음에 이어질 모양에 쌓을 쌓기나무는 셋째 쌓기나무의 수에 3개를 더하면 되므로 $7+3=10$(개)입니다.

10 ㉢ 쌓기나무가 2개씩 늘어나는 규칙이므로 다음에 이어질 모양에 쌓을 쌓기나무는 11개입니다.

11 • 2층으로 쌓은 쌓기나무의 수: $2×2=4$(개)
    • 3층으로 쌓은 쌓기나무의 수: $3×3=9$(개)
    다른 풀이
    • 2층으로 쌓은 쌓기나무의 수: $1+3=4$(개)
    • 3층으로 쌓은 쌓기나무의 수:
      $1+3+5=9$(개)

12 4층으로 쌓을 쌓기나무의 수: $4×4=16$(개)
    다른 풀이 쌓기나무가 3개, 5개 ...씩 늘어나는 규칙이 있습니다.
    → 4층으로 쌓을 쌓기나무의 수:
      $1+3+5+7=16$(개)

134쪽 1STEP 교과서 개념 잡기

1 1 / 1 / 2
2 (위에서부터) 14 / 14, 16 / 14, 16, 18
3 2   4 2
5 '같습니다'에 ○표

1 규칙1 11, 12, 13, 14, 15로 아래쪽으로 내려갈수록 1씩 커지는 규칙이 있습니다.
규칙2 6, 7, 8, 9, 10, 11, 12, 13, 14, 15로 오른쪽으로 갈수록 1씩 커지는 규칙이 있습니다.
규칙3 6, 8, 10, 12, 14로 ╲ 방향으로 갈수록 2씩 커지는 규칙이 있습니다.

2 세로줄과 가로줄의 수가 만나는 칸에 두 수의 합을 써넣습니다.

3 12, 10, 8, 6, 4로 위쪽으로 올라갈수록 2씩 작아지는 규칙이 있습니다.

4 12, 10, 8, 6, 4로 왼쪽으로 갈수록 2씩 작아지는 규칙이 있습니다.

5 표시한 수는 모두 10으로 같습니다.

136쪽 **1STEP** **교과서 개념 잡기**

1 8 / 7 / '짝수'에 ○표
2 (위에서부터) 3, 21, 15, 81
3 10
4 14
5 '홀수'에 ○표

---

1 규칙1 8, 16, 24, 32, 40, 48, 56, 64, 72로 오른쪽으로 갈수록 8씩 커지는 규칙이 있습니다.
규칙2 42, 49, 56, 63으로 아래쪽으로 내려갈수록 7씩 커지는 규칙이 있습니다.
규칙3 어떤 수와 짝수의 곱은 모두 짝수입니다.

3 5, 15, 25, 35, 45로 아래쪽으로 내려갈수록 10씩 커지는 규칙이 있습니다.

4 7, 21, 35, 49, 63으로 오른쪽으로 갈수록 14씩 커지는 규칙이 있습니다.

5 홀수와 홀수의 곱은 모두 홀수입니다.

138쪽 **1STEP** **교과서 개념 잡기**

1 7 / 1 / 8   **2** 5
3 빨간색, 노란색
4 (위에서부터) 6 / 11, 16 / 18, 21, 23
5 ●○○   **6** (1) 1 (2) 6

1 ① 수요일은 1일, 8일, 15일, 22일, 29일로 7일마다 반복됩니다.
② 19, 20, 21, 22, 23, 24, 25로 오른쪽으로 갈수록 수는 1씩 커집니다.
③ 6, 14, 22, 30으로 ╲ 방향으로 8씩 커집니다.

2 사각형 5개로 큰 사각형을 만들어 규칙을 만들었습니다.

3 깃발의 색깔이 반복되는 규칙을 찾아 씁니다.

4 수가 오른쪽으로 갈수록 1씩 커지고, 아래쪽으로 내려갈수록 8씩 커집니다.

5 초록색, 노란색, 빨간색의 순서로 신호등의 색깔이 바뀌면서 왼쪽으로 이동합니다.

6 (1) 1, 2, 3, 4, 5, 6으로 → 방향으로 1씩 커집니다.
(2) 1, 7, 13으로 ↑ 방향으로 6씩 커집니다.

140쪽 **2STEP** **수학익힘 문제 잡기**

01 (위에서부터) 7, 8 / 7, 9 / 8, 9
02 1
03 미나
04 (위에서부터) 6 / 8, 11 / 15, 17

05 (위에서부터) 15 / 25 / 24, 30

06

×	2	3	4	5	6
2	4	6	8	10	12
3	6	9	12	15	18
4	8	12	16	20	24
5	10	15	20	25	30
6	12	18	24	30	36

07 24

08 (위에서부터) 21, 32, 30

09 3

10 (위에서부터) 8:30, 9:20, 9:30

11 (1) 1 (2)

첫째 둘째 셋째 넷째 …
가열 ① ② ③ ④ ⑤ ⑥ ☐ ☐
나열 ⑨ ⑩ ⑪ ☐ ☐ ☐ ⑭ ☐
다열 ⑰ ☐ ☐ ☐ ☐ ☐ ☐ ☐
⋮
☐ ☐ ☐ ☐ ☐ ☐ ☐

03 • 초록색 점선: 2에서 10까지 점선을 따라 접었을 때 만나는 수들은 서로 같은 규칙이 있습니다.
• 빨간색 점선: ╱ 방향으로 같은 수들이 있는 규칙이 있습니다.

06 3씩 커지는 규칙을 찾아 색칠합니다.
다른 풀이 ▨▨▨으로 칠해진 곳은 3단의 곱입니다. 세로줄에서 3단을 찾아 색칠합니다.

07 곱셈표에서 점선을 따라 접었을 때 만나는 곱셈구구의 곱은 같습니다.
→ ㉠과 만나는 수는 24입니다.

08 오른쪽으로 갈수록 몇씩 커지는지 확인하면 위에서부터 3단, 4단, 5단 곱셈구구입니다.
• 3단: 3×7=21 • 4단: 4×8=32
• 5단: 5×6=30

09 파란색, 흰색, 남색이 반복되는 규칙입니다.

10 버스는 평일에는 10분마다, 주말에는 30분마다 출발합니다.

11 (1) 같은 줄에서 오른쪽으로 갈수록 1씩 커집니다.
(2) 나열의 왼쪽에서부터 일곱째 자리를 찾아 ○표 합니다.

142쪽 3STEP 서술형 문제 잡기

※서술형 문제의 예시 답안입니다.

1 (규칙) 빨간색, 노란색

2 (규칙) 초록색, 주황색, 주황색, 파란색이 시계 방향으로 반복됩니다. ▶5점

3 (1단계) 7   (2단계) 7, 10
(답) 10일

4 (1단계) 모든 요일은 7일마다 반복됩니다. ▶2점
(2단계) 첫째 토요일이 7일이므로 둘째 토요일은 7+7=14(일)입니다. ▶3점
(답) 14일

5 (1단계) 2   (2단계) 2, 2, 8
(답) 8개

6 (1단계) 쌓기나무가 아래쪽으로 3개씩 늘어나고 있습니다. ▶2점
(2단계) 따라서 필요한 쌓기나무는 모두 1+3+3=7(개)입니다. ▶3점
(답) 7개

7 (1단계) (위에서부터) 4, 3, 4, 7
(2단계) 2

8 (1단계) 예

+	1	3	5	7
3	4	6	8	10
5	6	8	10	12
7	8	10	12	14
9	10	12	14	16

(2단계) 예 오른쪽으로 갈수록 2씩 커지는 규칙이 있습니다.

8 (채점 가이드) 내가 만든 덧셈표의 규칙을 알맞게 찾아 썼는지 확인합니다.

144쪽 6단원 마무리

01 ◈

02 1, 3

03 1

04 파란색, 빨간색

05

06 (○)(　　)

07 ■

08 15

09 포도, 사과, 사과, 귤

10
1	2	3	1	1	2
3	1	1	2	3	1
1	2	3	1	1	2

11 3, 1

12 (위에서부터) 4, 14, 10, 16

13 2

14 2

15 (위에서부터) 12 / 12, 16

16 4

17
×	1	2	3	4
1	1	(2)	3	4
2	2	4	6	8
3	3	6	9	12
4	4	(8)	12	16

18 36, 42

서술형　　　　　　　※서술형 문제의 예시 답안입니다.

19　유정이가 정한 규칙 쓰기 ▶ 5점

빨간색, 빨간색, 노란색, 노란색, 파란색, 파란색이 시계 방향으로 반복됩니다.

20　❶ 규칙 찾기 ▶ 2점
　　❷ 빈칸에 들어갈 모양을 만드는 데 필요한 쌓기나무의 수 구하기 ▶ 3점

❶ 쌓기나무가 오른쪽으로 3개씩 늘어나고 있습니다.

❷ 따라서 필요한 쌓기나무는 모두 3+3+3=9(개)입니다.

답 9개

01 ◈, ◈이 반복됩니다.

03 1, 2, 3 / 4, 5, 6 / 7, 8, 9는 오른쪽으로 1씩 커지는 규칙이 있습니다.

05 초록색, 파란색, 빨간색이 반복되는 규칙에 따라 빈 곳을 색칠합니다.

06 쌓기나무가 앞쪽으로 2개씩 늘어나고 있습니다.

07 사각형, 삼각형이 반복되고 초록색, 초록색, 노란색이 반복됩니다.
따라서 □ 안에는 초록색 사각형을 그립니다.

08 7:00　7:15　7:30　7:45　8:00 …
　　15분　15분　15분　15분
→ 15분 간격으로 버스가 출발합니다.

09 사과, 귤, 포도, 사과가 반복됩니다.

10 사과는 1, 귤은 2, 포도는 3으로 바꾸어 나타냅니다.

11 수가 반복되는 규칙을 찾으면 1, 2, 3, 1이 반복됩니다.

12 세로줄과 가로줄의 수가 만나는 칸에 두 수의 합을 써넣습니다.
1+3=4, 5+9=14,
7+3=10, 9+7=16

13 4, 6, 8, 10, 12로 오른쪽으로 갈수록 2씩 커지는 규칙이 있습니다.

14 18, 16, 14, 12, 10으로 위쪽으로 올라갈수록 2씩 작아지는 규칙이 있습니다.

15 세로줄과 가로줄의 수가 만나는 칸에 두 수의 곱을 써넣습니다.
3×4=12, 4×3=12, 4×4=16

16 4, 8, 12, 16으로 오른쪽으로 갈수록 4씩 커지는 규칙이 있습니다.

17 노란색으로 색칠한 곳은 2씩 커지는 규칙이 있으므로 같은 규칙이 있는 곳에 ○표 합니다.

18 • 6단: 6×6=36　　• 7단: 7×6=42
다른 풀이 24, 30이 아래쪽으로 내려갈수록 6씩 커지므로 30+6=36, 36+6=42입니다.

개념책

6 단원

148쪽 1~6단원 총정리

01 2135
02 1, 25
03 6, 24
04 7, 20
05
06 (1) cm (2) m
07 3285, 3295, 3305
08 2
09 (1) ( )( )(○)
　　(2) ( )(○)( )
10 45 cm
11 2, 4, 1, 5, 12
12

희진이네 반 학생들이 좋아하는 날씨별 학생 수

학생 수(명) \ 날씨	맑음	흐림	눈	비
5				○
4		○		○
3		○		○
2	○	○		○
1	○	○	○	○

13 학생 수
14 6, 18 / 3, 18
15 8, 56
16 사과, 귤
17 3시간
18 세희
19 9, 8
20 (위에서부터) 8 / 9, 12 / 12 / 12, 14 / 2
21 / 2, 50
22 3
23 7, 8, 9
24 21
25 9, 8, 9

02 짧은바늘이 1과 2 사이를 가리키고, 긴바늘이 5를 가리키므로 1시 25분입니다.

03 접시 한 개에 딸기가 4개씩 접시 6개가 있습니다.
→ $4 \times 6 = 24$

04 720 cm = 700 cm + 20 cm
　　　　 = 7 m + 20 cm = 7 m 20 cm

07 십의 자리 숫자가 1씩 커지므로 10씩 뛰어 센 것입니다.

08 6, 8, 10, 12로 오른쪽으로 갈수록 2씩 커지는 규칙이 있습니다.

09 숫자 4가 나타내는 수를 각각 알아봅니다.
　(1) 4032 → 4000, 1547 → 40,
　　 7483 → 400 (○)
　(2) 2946 → 40, 5403 → 400 (○),
　　 3964 → 4

10 한 자루의 길이가 9 cm인 색연필 5자루의 길이이므로 9단 곱셈구구를 이용합니다.
　→ $9 \times 5 = 45$ (cm)

14 • 구슬이 3개씩 6묶음 있습니다. → $3 \times 6 = 18$
　 • 구슬이 6개씩 3묶음 있습니다. → $6 \times 3 = 18$

15 $1 \times 8 = 8$, $8 \times 7 = 56$

16 그래프에서 3칸을 기준으로 선을 그어 그 위에 ×가 그려진 과일을 찾으면 사과, 귤입니다.

17 오전 11시부터 오후 2시까지는 3시간입니다.

19 9월 15일에서 7일 전은 9월 8일입니다.

20 8, 10, 12, 14로 ↘ 방향으로 갈수록 2씩 커지는 규칙이 있습니다.

21 3시 10분 전은 3시가 되기 10분 전의 시각이므로 2시 50분입니다.

22 약 1 m의 3배이므로 사물함의 길이는 약 3 m입니다.

23 백의 자리 수를 비교하면 8>0이므로 □ 안에 들어갈 수 있는 수는 6보다 큰 수인 7, 8, 9입니다.

24 7단 곱셈구구의 수 중 홀수는 7, 21, 35, 49, 63입니다. 이 중 십의 자리 숫자가 20을 나타내는 수는 21입니다.

25 만들 수 있는 가장 긴 길이: 7 m 42 cm
　만들 수 있는 가장 짧은 길이: 2 m 47 cm
　(가장 긴 길이와 가장 짧은 길이의 합)
　= 7 m 42 cm + 2 m 47 cm
　= 9 m 89 cm

1 네 자리 수

기초력 더하기

01쪽 1. 천, 몇천 알아보기

1	1000	2	3000
3	7000	4	5000
5	1000	6	5000
7	3000	8	7000
9	6000	10	9000
11	이천	12	칠천
13	사천	14	팔천
15	5000	16	3000
17	9000	18	6000

02쪽 2. 네 자리 수 알아보기

1	이천사백삼십구	2	사천삼백오십일
3	오천사십육	4	팔천사백오
5	천이백구십칠	6	구천오백십
7	3510	8	7163
9	9058	10	6491
11	2405	12	1705
13	1, 5, 4, 2	14	3, 7, 0, 1
15	8349	16	9008

03쪽 3. 각 자리의 숫자가 나타내는 값 알아보기

1	3, 2, 7, 5	2	4, 1, 3, 9
3	5, 6, 8, 1	4	7, 2, 0, 9
5	9, 5, 6, 2	6	8, 0, 5, 4
7	70	8	4
9	3000	10	900
11	4000	12	10

04쪽 4. 뛰어 세기 / 수의 크기 비교하기

1	4715, 5715, 7715				
2	4538, 4738, 4838				
3	1631, 1641, 1651				
4	5944, 5945, 5947				
5	8352, 8382, 8392				
6	3745, 4045, 4145				
7	>	8	<	9	>
10	<	11	<	12	>
13	<	14	<	15	>

수학익힘 다잡기

05쪽 1. 천을 알아볼까요

1 1000, 천

2 1000원

3 (1) 996, 1000   (2) 970, 1000

4 (1) 200   (2) 700

5 (1)
   (2)
   (3)

6 예 상자 안에 블록이 1000개 있어.

1 100이 10개이면 1000이고, 천이라고 읽습니다.

2 100이 10개이면 1000이므로 1000원입니다.

3 (1) 수직선 한 칸은 1을 나타냅니다.
   995-996-997-998-999-1000
   (2) 수직선 한 칸은 10을 나타냅니다.
   950-960-970-980-990-1000

4 (1) 1000은 800보다 수직선 **2**칸만큼 더 간 수이므로 800보다 **200**만큼 더 큰 수입니다.
(2) 1000에서 수직선 **3**칸만큼 거꾸로 되돌아간 수는 **700**이므로 700보다 **300**만큼 더 큰 수는 1000입니다.

5 (1) 색종이는 **600**장입니다. 1000은 600보다 **400**만큼 더 큰 수입니다.
(2) 수 모형은 백 모형 **2**개이므로 **200**입니다. 1000은 200보다 **800**만큼 더 큰 수입니다.
(3) 동전은 **700**원입니다. 1000은 700보다 **300**만큼 더 큰 수입니다.

6 채점 가이드 1000을 넣어 바르게 문장을 만들었는지 확인합니다.

06쪽 **2. 몇천을 알아볼까요**

1 **5000**, 오천
2 **3000**, 삼천
3 (1) **7000** (2) **4000** (3) **6000**
4 예 1000원짜리 지폐 **6**장은 **6000**원이므로 1000원짜리 머리핀 **6**개를 살 수 있습니다.
5 예

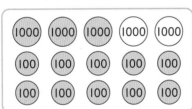

---

1 1000이 **5**개이면 **5000**이고, 오천이라고 읽습니다.

2 2000보다 1000만큼 더 큰 수는 **3000**이고, 삼천이라고 읽습니다.

3 (1) 1000이 **7**개이면 **7000**입니다.
(2) 100이 **40**개이면 **4000**입니다.
(3) 100이 **10**개이면 **1000**이고 1000이 **6**개이면 **6000**입니다.

---

4 채점 가이드 6000원이 되도록 바르게 썼는지 확인합니다.

5 4000은 1000이 **4**개인 수이므로 ⑩⑩⑩ **4**개에 색칠하거나 ⑩⑩⑩ **3**개, ⑩⑩ **10**개에 색칠합니다.
채점 가이드 4000을 나타내도록 바르게 색칠했는지 확인합니다.

07쪽 **3. 네 자리 수를 알아볼까요**

1 3, 2, 7, 8, **3278**, 삼천이백칠십팔
2 4, 6, 2, 5, **4625**, 사천육백이십오
3 **7254**, 칠천이백오십사
4 예

1000 1000 1000
10 1 1 1 1 1

5 **4554**에 색칠
6 (1) 예

(2) **2300**원

---

3 1000이 **7**개, 100이 **2**개, 10이 **5**개, 1이 **4**개인 수는 **7254**이고 칠천이백오십사라고 읽습니다.

4 **3015**이므로 ⑩⑩⑩을 **3**개, ⑩을 **1**개, ①을 **5**개 그립니다.

5 수를 읽으면 '사천'으로 시작하고 '사'로 끝나는 수는 천의 자리 숫자와 일의 자리 숫자가 모두 **4**인 수이므로 **4554**입니다.

6 (1) **2400**원이므로 천 원짜리 지폐 **2**장, 100원짜리 동전 **4**개를 묶습니다.
(2) 수아가 낸 돈에서 필통의 가격만큼 묶고 남은 돈은 천 원짜리 지폐 **2**장, 100원짜리 동전 **3**개이므로 **2300**원입니다.

1 8, 8000 / 5, 500 / 9, 90 / 2, 2

2 (1)

(2)

3 '육천사', '7053'에 색칠

4 (1) 6000, 800, 10　(2) 600, 0, 5

5 예 3059, 9350

---

2 (1) 밑줄 친 **2**는 천의 자리 숫자이므로 나타내는 수는 **2000**입니다.

(2) 밑줄 친 **3**은 백의 자리 숫자이므로 나타내는 수는 **300**입니다.

3 • 4105 ➡ 백의 자리 숫자: **1**

• 팔천구백이(8902) ➡ 백의 자리 숫자: **9**

• 육천사(6004) ➡ 백의 자리 숫자: **0**

• 7053 ➡ 백의 자리 숫자: **0**

5 십의 자리 숫자가 **50**을 나타내는 수는 십의 자리 숫자가 **5**인 수입니다. 따라서 만들 수 있는 네 자리 수는 3059, 3950, 9053, 9350이 있습니다.

채점 가이드 십의 자리 숫자가 5인 네 자리 수 2개를 바르게 썼는지 확인합니다.

---

1 6527, 7527, 8527

2 8965, 8975, 8985, 8995

3 (1) 2571, 2572, 2573, 2574, 2575, 2576

(2) 2560, 2550, 2540, 2530, 2520, 2510

4 3295, 3305, 3315

5 아, 프, 리, 카

---

5 ① 3014-4014-5014-6014-7014-8014
아

② 1304-1404-1504-1604-1704-1804
프

③ 4310-4320-4330-4340-4350-4360
리

④ 3105-3106-3107-3108-3109-3110
카

---

1 2, 5, 2, 9 / 2, 4, 8, 3 / >

2 (1) <　(2) >

3 (1) 5431에 ○표　(2) 9105에 ○표

4 주경

5 7540, 4057

6 6, 7, 8, 9에 ○표

---

1 2529 > 2483
└─5 > 4─┘

2 (1) 4503 < 5430　(2) 6417 > 6399
└─4 < 5─┘　　　　└─4 > 3─┘

3 (1) 5431 > 5427 > 5389

(2) 9105 > 9080 > 8725

4 네 자리 수의 크기를 비교할 때에는 천의 자리부터 순서대로 비교해야 합니다.

5 • 가장 큰 수: 천의 자리부터 순서대로 큰 수를 놓으면 **7540**입니다.

• 가장 작은 수: 천의 자리에는 **0**이 올 수 없으므로 두 번째로 작은 **4**를 천의 자리에 놓고 백의 자리부터 순서대로 작은 수를 놓으면 **4057**입니다.

6 천의 자리 수가 **7**로 같고 십의 자리 수를 비교하면 **2 < 5**이므로 □ 안에 들어갈 수 있는 수는 **6**과 같거나 **6**보다 큰 수입니다.
➡ 6, 7, 8, 9

기본 강화책

1 단원

2 곱셈구구

기초력 더하기

11쪽 1. 2단, 5단 곱셈구구 알아보기

1 4	2 2	3 8
4 14	5 18	6 5
7 15	8 30	9 10
10 6	11 10	12 20
13 25	14 40	15 12
16 35	17 16	18 45

12쪽 2. 3단, 6단 곱셈구구 알아보기

1 12	2 6	3 27
4 18	5 6	6 24
7 54	8 42	9 48
10 3	11 9	12 12
13 21	14 36	15 18
16 15	17 48	18 30

13쪽 3. 4단, 8단 곱셈구구 알아보기

1 4	2 8	3 32
4 24	5 36	6 24
7 40	8 64	9 72
10 12	11 8	12 28
13 16	14 20	15 56
16 32	17 16	18 48

14쪽 4. 7단, 9단 곱셈구구 알아보기

1 7	2 14	3 35
4 56	5 63	6 54
7 18	8 36	9 81
10 21	11 9	12 49
13 45	14 42	15 27
16 28	17 63	18 72

15쪽 5. 1단 곱셈구구와 0의 곱 알아보기

1 5	2 8	3 7
4 2	5 7	6 5
7 0	8 0	9 0
10 0	11 0	12 0
13 0, 4	14 6, 0	15 0, 9
16 3, 8	17 0, 0	18 0, 0

16쪽 6. 곱셈표 만들기

1 (위에서부터) 10, 12, 12, 10, 20 / 3
2 (위에서부터) 20, 30, 24, 42, 49 / 4
3 (위에서부터) 48, 42, 63, 56, 81 / 7

4

×	1	2	3	4
1	1	2	3	4
2	2	4	6	8
3	3	6	9	12
4	4	8	12	16

5

×	5	6	7	8
5	25	30	35	40
6	30	36	42	48
7	35	42	49	56
8	40	48	56	64

6

×	3	5	7	9
3	9	15	21	27
5	15	25	35	45
7	21	35	49	63
9	27	45	63	81

7

×	0	2	6	8
0	0	0	0	0
2	0	4	12	16
6	0	12	36	48
8	0	16	48	64

8

×	1	3	5	7
1	1	3	5	7
3	3	9	15	21
5	5	15	25	35
7	7	21	35	49

9

×	2	4	6	8
2	4	8	12	16
4	8	16	24	32
6	12	24	36	48
8	16	32	48	64

수학익힘 다잡기

17쪽 **1. 2단 곱셈구구를 알아볼까요**

1 10 / 5, 10
2 (1) 6 (2) 14
3 (1) •　　• 　　　 4 6, 12, 12
　 (2) •　　•
　 (3) •　　•
5 예 □□□ / 8, 2, 3, 6

3 (1) $2 \times 6 = 12$ (2) $2 \times 5 = 10$ (3) $2 \times 4 = 8$

4 필요한 리본은 2씩 6묶음이므로 $2 \times 6 = 12$로 모두 12개가 필요합니다.

18쪽 **2. 5단 곱셈구구를 알아볼까요**

1 3, 15
2 예 (야구공 그림) / 6, 30
3 8, 5
4 45
5 (1) 7 (2) 5 (3) 7, 35, 35

5 귤은 5개씩 7묶음입니다.
(1) $5 + 5 + 5 + 5 + 5 + 5 + 5$
(2) 5×6에 5를 더해서 구합니다.
(3) $5 \times 7 = 35$

19쪽 **3. 3단, 6단 곱셈구구를 알아볼까요**

1 (1) 3, 9 (2) 5, 15 (3) 8, 24
2 7, 42
3 (위에서부터) 6, 18 / 6, 18
4 ㉠, ㉢　　　　 5 12병
6 예 블루베리주스 / 5 / 6, 5, 30

1 (1) 3개씩 3묶음 ➜ $3 \times 3 = 9$
　(2) 3개씩 5묶음 ➜ $3 \times 5 = 15$
　(3) 3개씩 8묶음 ➜ $3 \times 8 = 24$

2 무당벌레 7마리의 다리 수: 6개씩 7묶음
　➜ $6 \times 7 = 42$

4 ㉢ 3×7에 3을 더해서 구합니다.

5 딸기주스는 3병씩 1묶음입니다.
　3병씩 4묶음 ➜ $3 \times 4 = 12$

6 블루베리주스는 6병씩 1묶음이므로 5묶음을 사면 $6 \times 5 = 30$입니다.
　채점 가이드 사고 싶은 과일 주스를 골라 알맞은 곱셈식을 만들고 바르게 계산했는지 확인합니다.

20쪽 **4. 4단, 8단 곱셈구구를 알아볼까요**

1 (그림)　　　　 2 5, 40

3
1	2	3	④	5	6	7
⑧	9	10	11	⑫	13	14
15	⑯	17	18	19	⑳	21
22	23	㉔	25	26	27	㉘
29	30	31	㉜	33	34	35

4 8, 32, 32 / 4, 32, 32
5 (1) 16, 4, 16, 16
　(2) 32 / 예 $8 \times 4 = 32$이므로 ㉢에 알맞은 수는 32야.

3 · 4단 곱셈구구: $4 \times 1 = 4$, $4 \times 2 = 8$, $4 \times 3 = 12$, $4 \times 4 = 16$, $4 \times 5 = 20$, $4 \times 6 = 24$, $4 \times 7 = 28$, $4 \times 8 = 32$
· 8단 곱셈구구: $8 \times 1 = 8$, $8 \times 2 = 16$, $8 \times 3 = 24$, $8 \times 4 = 32$

5 채점 가이드 ㉢에 알맞은 수를 8단 곱셈구구로 바르게 설명했는지 확인합니다.

기본 강화책

2 단원

21쪽 5. 7단 곱셈구구를 알아볼까요

1 4, 28

2 (1) ✕ (2) ✕ (3) —

3 (1) 3, 21 (2) 6, 42

4

72	52	61	34	27
51	35	49	14	43
30	17	58	56	23
53	21	7	63	69
16	4	57	42	50
60	62	54	28	41
15	29	32	22	39

5 미나

3 (1) 애벌레가 이동한 거리는 **7** cm씩 **3**번입니다.
  ➜ $7 \times 3 = 21$ (cm)
  (2) 애벌레가 이동한 거리는 **7** cm씩 **6**번입니다.
  ➜ $7 \times 6 = 42$ (cm)

4 $7 \times 1 = 7$, $7 \times 2 = 14$, $7 \times 3 = 21$,
  $7 \times 4 = 28$, $7 \times 5 = 35$, $7 \times 6 = 42$,
  $7 \times 7 = 49$, $7 \times 8 = 56$, $7 \times 9 = 63$

5 미나: 단추의 수는 $7 \times 8 = 56$이므로 모두 **56**개입니다.

22쪽 6. 9단 곱셈구구를 알아볼까요

1 5, 45

2 (1) 2, 18 (2) 4, 36

3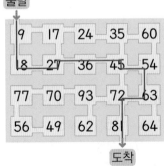

4 (1) 4, 3, 6 (2) 8, 7, 2

5 3, 27 / 예 3×3을 3번 더하면 됩니다.
  $3 \times 3 = 9$이므로 $9 + 9 + 9 = 27$입니다.

2 (1) 9씩 2번 ➜ $9 \times 2 = 18$ (cm)
  (2) 9씩 4번 ➜ $9 \times 4 = 36$ (cm)

3 $9 \times 1 = 9$, $9 \times 2 = 18$, $9 \times 3 = 27$,
  $9 \times 4 = 36$, $9 \times 5 = 45$, $9 \times 6 = 54$,
  $9 \times 7 = 63$, $9 \times 8 = 72$, $9 \times 9 = 81$

4 (1) $9 \times 3 = 27$(✕), $9 \times 4 = 36$(◯),
  $9 \times 6 = 54$(✕)
  (2) $9 \times 2 = 18$(✕), $9 \times 7 = 63$(✕),
  $9 \times 8 = 72$(◯)

5 채점 가이드 우표의 수를 알맞게 구했는지 확인합니다.

23쪽 7. 1단 곱셈구구와 0의 곱을 알아볼까요

1 5, 5

2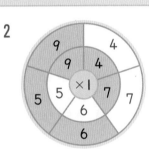

3 1, 3, 3

4 1, 7, 7

5 $0 \times 3 = 0$, $2 \times 0 = 0$, $8 \times 1 = 8$

6 23점

7 1, 6, 0, 0, 6

2 $4 \times 1 = 4$, $7 \times 1 = 7$, $6 \times 1 = 6$, $5 \times 1 = 5$

5 (과녁에 적힌 수) ✕ (맞힌 횟수) = (점수)
  0점 3번 ➜ $0 \times 3 = 0$(점)
  2점 0번 ➜ $2 \times 0 = 0$(점)
  8점 1번 ➜ $8 \times 1 = 8$(점)

6 $0 + 0 + 15 + 8 = 23$(점)

7 1점씩 6개 ➜ $1 \times 6 = 6$(점)
  0점씩 4개 ➜ $0 \times 4 = 0$(점)
  ➜ $6 + 0 = 6$(점)

1 (위에서부터) 1, 2, 4 / 2, 4, 8, 12 /
8, 24, 32 / 12, 24, 36 / 32, 64

2 8, 3, 24 / 4, 6, 24 / 6, 4, 24

3

×	3	4	5	6	7
3					
4					▲
5					
6					
7				♥	

4 42

5

54	16	63	48	68	60
38	72	25	32	79	15
22	40	24	56	8	73
66	86	52	64	26	30

/ 4

2 3×8=24와 곱이 같은 곱셈구구를 찾으면
8×3=24, 4×6=24, 6×4=24입니다.

4 7단 곱셈구구에서 십의 자리 숫자가 40을 나타
내는 수는 42, 49입니다. 이 중에서 짝수는
42입니다.

5 8×1=8, 8×2=16, 8×3=24,
8×4=32, 8×5=40, 8×6=48,
8×7=56, 8×8=64, 8×9=72

1 16   **2** 24   **3** 10개   **4** 63세
5 3, 19   **6** 4, 31
7 4×3=12 / 12점   **8** 4×2=8 / 8점

4 9×7=63(세)

5 7×3=21 ➡ 21-2=19

6 9×4=36 ➡ 36-5=31

7 송이가 이긴 횟수: 3번 ➡ 4×3=12

8 현서가 이긴 횟수: 2번 ➡ 4×2=8

3 길이 재기

기초력 더하기

1 300		**2** 700	
3 900		**4** 6	
5 8		**6** 4	
7 160		**8** 945	
9 308		**10** 5, 75	
11 4, 5		**12** 8, 14	
13 120, 1, 20		**14** 140, 1, 40	
15 150, 1, 50		**16** 130, 1, 30	

1 5, 60	**2** 4, 65
3 9, 75	**4** 6, 24
5 7, 78	**6** 7, 39
7 11, 57	**8** 13, 76
9 4 m 55 cm	**10** 5 m 45 cm
11 7 m 82 cm	**12** 7 m 20 cm
13 9 m 57 cm	**14** 12 m 70 cm

1 3, 30	**2** 2, 42
3 2, 35	**4** 4, 50
5 1, 24	**6** 4, 6
7 4, 55	**8** 5, 32
9 2 m 10 cm	**10** 1 m 50 cm
11 6 m 45 cm	**12** 3 m 13 cm
13 3 m 21 cm	**14** 5 m 34 cm

---

4. 길이 어림하기

1 ○	2 △	3 ○
4 △	5 △	6 ○
7 ○	8 △	9 △
10 4	11 2	12 5
13 3	14 8	15 10

수학익힘 다잡기

1. cm보다 더 큰 단위를 알아볼까요

1 5 m   5 m

2 (1)•╲ ╱•
  (2)• ╳ •
  (3)•╱ ╲•

3 주경

4 (1) cm (2) m (3) m (4) cm

5 ㉠, 707

6 2, 4, 9

2 (1) $407\,cm = 400\,cm + 7\,cm = 4\,m\,7\,cm$
  (2) $457\,cm = 400\,cm + 57\,cm$
      $= 4\,m\,57\,cm$
  (3) $470\,cm = 400\,cm + 70\,cm$
      $= 4\,m\,70\,cm$

3 주경: $8\,m\,9\,cm = 800\,cm + 9\,cm$
        $= 809\,cm$
  규민: $8\,m\,89\,cm = 800\,cm + 89\,cm$
        $= 889\,cm$
  → $890\,cm > 889\,cm > 809\,cm$

5 $7\,m\,7\,cm = 700\,cm + 7\,cm = 707\,cm$

6 가장 짧은 길이이므로 가장 작은 수부터 차례로 써넣습니다.

---

2. 자로 길이를 재어 볼까요

1 (○)   2 30
  (   )

3 210, 2, 10   4 2, 50

5 예 액자의 한끝을 줄자의 눈금 0에 맞추지 않았기 때문입니다.

6 (위에서부터) 예 180 cm, 1 m 80 cm /
  330 cm, 3 m 30 cm

4 $250\,cm = 200\,cm + 50\,cm = 2\,m\,50\,cm$

5 채점 가이드 줄자로 길이를 재는 방법을 알고 잘못 잰 이유를 바르게 썼는지 확인합니다.

6 채점 가이드 1 m보다 긴 길이를 알맞게 예상하고 길이를 두 가지 방법으로 바르게 나타내었는지 확인합니다.

---

3. 길이의 합을 구해 볼까요

1 2, 70

2 (1) 5, 80 (2) 8, 78 (3) 5, 53

3 8, 79   4 8, 39

5 14, 85   6 12, 56

6 가장 긴 길이: 7 m 20 cm
  가장 짧은 길이: 5 m 36 cm
  → $7\,m\,20\,cm + 5\,m\,36\,cm = 12\,m\,56\,cm$

---

4. 길이의 차를 구해 볼까요

1 1, 30

2 (1) 4, 22 (2) 3, 43

3 3, 42   4 2, 51

5 정우, 1, 24   6 예 7, 68

5 5 m 58 cm > 4 m 34 cm이므로 정우가
5 m 58 cm − 4 m 34 cm = 1 m 24 cm 더
멀리 던졌습니다.

6 8 m 56 cm − 1 m 5 cm = 7 m 51 cm
주어진 수 카드로 만들 수 있는 길이 중
7 m 51 cm보다 긴 길이는 7 m 68 cm,
7 m 86 cm, 8 m 67 cm, 8 m 76 cm
입니다.

(채점 가이드) 수 카드로 만들 수 있는 길이 중 7 m 51 cm
보다 긴 길이를 바르게 썼는지 확인합니다.

34쪽 5. 길이를 어림해 볼까요(1)

1 2   **2** 3
3 5   **4** ㉡, ㉢
5 예 우산, 싱크대의 높이
   / 예 교실의 좁은 쪽의 길이, 소방차의 길이
6 미나, 도율, 현우

---

5 (채점 가이드) 길이에 맞는 물건을 바르게 어림하여 2가지씩
썼는지 확인합니다.

6 도율: 약 3 m, 미나: 약 4 m, 현우 : 약 2 m

35쪽 6. 길이를 어림해 볼까요(2)

1 5   **2** 8
3 (1) 1 m (2) 3 m (3) 30 m
4 14   **5** ㉠, ㉢
6 16

---

4 약 2 m의 7배 정도이므로 수영장의 길이는
약 14 m입니다.

6 • 왼쪽 표지판에서 가게까지의 거리: 약 8 m
• 가게의 길이: 약 6 m
• 가게에서 오른쪽 표지판까지의 거리: 약 2 m
→ 8+6+2=16 (m)

---

4 시각과 시간

기초력 더하기

36쪽 1. 몇 시 몇 분 알아보기

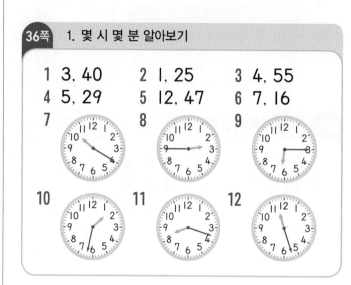

1 3, 40   **2** 1, 25   **3** 4, 55
4 5, 29   **5** 12, 47   **6** 7, 16
7   **8**   **9**
10   **11**   **12**

37쪽 2. 여러 가지 방법으로 시각 읽어 보기

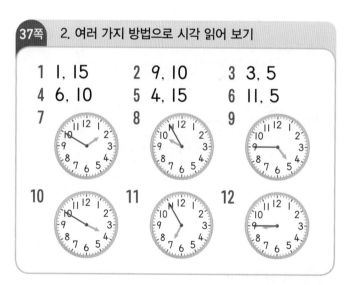

1 1, 15   **2** 9, 10   **3** 3, 5
4 6, 10   **5** 4, 15   **6** 11, 5
7   **8**   **9**
10   **11**   **12**

38쪽 3. 1시간 알아보기 / 걸린 시간 알아보기

1 80   **2** 180
3 103   **4** 198
5 1, 40   **6** 1, 30
7 1, 15   **8** 2, 5

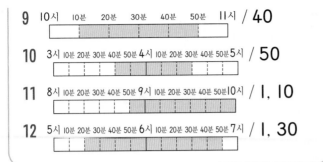

9 10시 10분 20분 30분 40분 50분 11시 / **40**

10 3시 10분 20분 30분 40분 50분 4시 10분 20분 30분 40분 50분 5시 / **50**

11 8시 10분 20분 30분 40분 50분 9시 10분 20분 30분 40분 50분 10시 / **1, 10**

12 5시 10분 20분 30분 40분 50분 6시 10분 20분 30분 40분 50분 7시 / **1, 30**

39쪽 **4. 하루의 시간 알아보기**

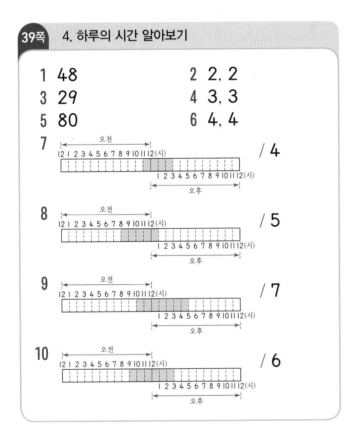

1 48	**2** 2, 2
3 29	**4** 3, 3
5 80	**6** 4, 4

7 / **4**

8 / **5**

9 / **7**

10 / **6**

40쪽 **5. 달력 알아보기**

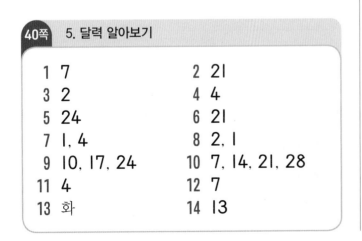

1 7	**2** 21
3 2	**4** 4
5 24	**6** 21
7 1, 4	**8** 2, 1
9 10, 17, 24	**10** 7, 14, 21, 28
11 4	**12** 7
13 화	**14** 13

수학익힘 다잡기

41쪽 **1. 몇 시 몇 분을 읽어 볼까요⑴**

1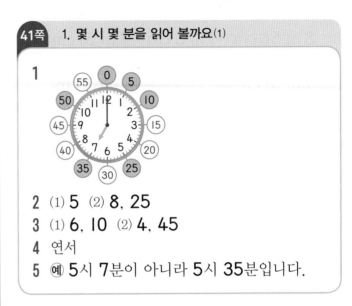

2 ⑴ **5** ⑵ **8, 25**

3 ⑴ **6, 10** ⑵ **4, 45**

4 연서

5 예 **5**시 **7**분이 아니라 **5**시 **35**분입니다.

4 • 짧은바늘은 **2**와 **3** 사이에 있고 긴바늘은 **1**을 가리키고 있으므로 **2**시 **5**분입니다. (↓)
• 짧은바늘은 **7**과 **8** 사이에 있고 긴바늘은 **4**를 가리키고 있으므로 **7**시 **20**분입니다. (→)
• 짧은바늘은 **4**와 **5** 사이에 있고 긴바늘은 **10**을 가리키고 있으므로 **4**시 **50**분입니다. (↓)
따라서 만나는 친구는 연서입니다.

5 시계에서 긴바늘이 **7**을 가리키고 있으므로 시각은 **5**시 **35**분입니다.

채점 가이드 시계 읽는 방법을 알고 잘못 읽은 부분을 찾아 바르게 고쳐 썼는지 확인합니다.

42쪽 **2. 몇 시 몇 분을 읽어 볼까요⑵**

1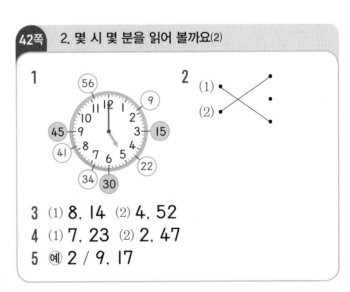

3 ⑴ **8, 14** ⑵ **4, 52**

4 ⑴ **7, 23** ⑵ **2, 47**

5 예 **2** / **9, 17**

5 짧은바늘은 **9**와 **10** 사이에 있고 긴바늘은 **3**에서 작은 눈금 **2**칸 더 간 곳을 가리키고 있으므로 **9**시 **17**분입니다.

채점 가이드 □ 안에 **1**부터 **4**까지 수 중에서 써넣은 수에 맞게 시계의 시각을 바르게 썼는지 확인합니다.

43쪽 **3. 여러 가지 방법으로 시각을 읽어 볼까요**

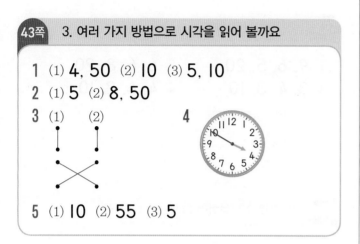

1 (1) **4, 50** (2) **10** (3) **5, 10**
2 (1) **5** (2) **8, 50**
3 (1) (2)
4
5 (1) **10** (2) **55** (3) **5**

4 **4**시 **10**분 전이므로 **3**시 **50**분이 되도록 긴바늘이 **10**을 가리키게 그립니다.

44쪽 **4. 1시간을 알아볼까요**

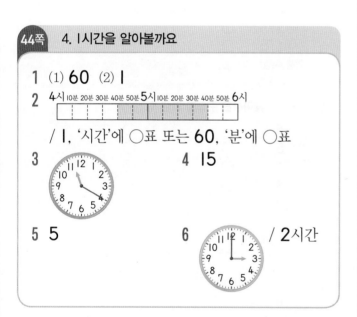

1 (1) **60** (2) **1**
2 4시 10분 20분 30분 40분 50분 5시 10분 20분 30분 40분 50분 6시
/ **1**, '시간'에 ○표 또는 **60**, '분'에 ○표
3
4 **15**
5 **5**
6 / **2**시간

4 **1**시간 동안 그림을 그리므로 끝나는 시각은 **3**시입니다. **2**시 **45**분은 **3**시 **15**분 전이므로 **15**분 더 그려야 합니다.

6 **30**분씩 **4**가지 운동을 체험했으므로 운동 체험을 한 시간은 **2**시간이고, 운동 체험이 끝난 시각은 **3**시입니다.

45쪽 **5. 걸린 시간을 알아볼까요**

1 (1) **1, 40** (2) **110**
2 (1) **1, 20, 80** (2) **1, 30, 90**
3 (1) •
  (2) •
  (3) •
4 **1**시간 **30**분, **1**시간 **20**분
5 윤지
6 (1) 3시 10분 20분 30분 40분 50분 4시 10분 20분 30분 40분 50분 5시 10분 20분 30분 40분 50분 6시
  (2) **2, 50**

1 (1) **100**분＝**60**분＋**40**분＝**1**시간＋**40**분
    ＝**1**시간 **40**분
  (2) **1**시간 **50**분＝**1**시간＋**50**분
    ＝**60**분＋**50**분＝**110**분

2 (1) **1**시간 **20**분＝**1**시간＋**20**분
    ＝**60**분＋**20**분＝**80**분
  (2) **1**시간 **30**분＝**1**시간＋**30**분
    ＝**60**분＋**30**분＝**90**분

4 윤지: **9**시 **20**분 —1시간→ **10**시 **20**분 —30분→
    10시 **50**분 → **1**시간 **30**분
  시후: **9**시 **40**분 —1시간→ **10**시 **40**분 —20분→ **11**시
    → **1**시간 **20**분

5 **1**시간 **30**분＞**1**시간 **20**분이므로 관람을 더 오래 한 사람은 윤지입니다.

46쪽 **6. 하루의 시간을 알아볼까요**

1 (1) **48** (2) **1, 8**
2 (1) 오후 (2) 오전 (3) 오전 (4) 오후
3
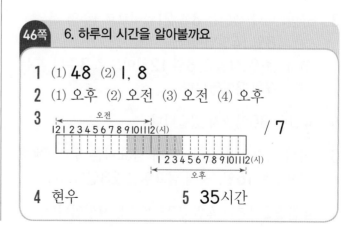
/ **7**
4 현우
5 **35**시간

1 (1) 2일＝24시간＋24시간＝48시간

(2) 32시간＝24시간＋8시간＝1일 8시간

2 오전: 전날 밤 12시부터 낮 12시까지

오후: 낮 12시부터 밤 12시까지

3 9시부터 12시까지 3시간, 12시부터 4시까지 4시간이므로 수현이네 가족이 동물원에 있었던 시간은 7시간입니다.

4 리아: 첫날 오전에 바닷가 산책을 했습니다.

5 오전 9시부터 다음날 오전 9시까지 24시간이고 오전 9시부터 오후 8시까지는 11시간입니다. 따라서 첫날 오전 9시부터 다음날 오후 8시까지는 35시간입니다.

47쪽 7. 달력을 알아볼까요

1 (1) 14 (2) 36 **2** (1) 4 (2) 화

3 8. 14 / 9, 2

4 (위에서부터) 31, 30, 30 / 31, 31, 30, 31

5 (위에서부터) 1, 2 / 7, 8 / 11, 12, 16, 17 / 18, 21, 22 / 27, 28, 29, 30

6 23에 ○표 **7** 9일

---

1 (1) 2주일＝7일＋7일＝14일

(2) 3년＝12개월＋12개월＋12개월＝36개월

3 규민: 미나 생일은 8월 21일이므로 1주일 전은 8월 14일입니다.

연서: 준우 생일은 8월 12일이므로 3주일 후는 9월 2일입니다.

5 4월은 30일까지 있습니다.

6 첫째 금요일은 2일, 둘째 금요일은 9일, 셋째 금요일은 16일, 넷째 금요일은 23일입니다.

7 4월 22일부터 4월 30일까지는 9일입니다.

---

5 표와 그래프

기초력 더하기

48쪽 1. 표로 나타내기

1 9, 6, 5, 20 **2** 6, 6, 8, 20

3 3, 4, 3, 10 **4** 4, 4, 2, 10

49쪽 2. 자료를 분류하여 그래프로 나타내기

1 좋아하는 운동별 학생 수

학생 수(명) \ 운동	야구	축구	농구
6		○	
5		○	○
4	○	○	○
3	○	○	○
2	○	○	○
1	○	○	○

2 좋아하는 주스별 학생 수

학생 수(명) \ 주스	포도	사과	오렌지
6			○
5	○		○
4	○	○	○
3	○	○	○
2	○	○	○
1	○	○	○

3 마을별 학생 수

학생 수(명) \ 마을	달빛	별빛	햇빛	은빛
7		×		
6		×	×	
5		×	×	×
4		×	×	×
3	×	×	×	×
2	×	×	×	×
1	×	×	×	×

4

장래 희망별 학생 수

7		×		
6	×	×		
5	×	×	×	
4	×	×	×	
3	×	×	×	
2	×	×	×	×
1	×	×	×	×
학생 수(명) 장래 희망	가수	의사	선생님	과학자

50쪽 **3. 표와 그래프의 내용 알아보기**

1 23 **2** 4
3 도보 **4** 지하철
5 미끄럼틀 **6** 그네
7 시소 **8** 시소, 정글짐

수학익힘 다잡기

51쪽 **1. 자료를 분류하여 표로 나타내어 볼까요**

1 고양이 **2** 20명
3 7, 8, 3, 2, 20 **4** 4, 5, 2, 3, 14
5 10, 8, 7, 25 **6** 2, 3

6 처음에 색깔별로 10개씩 있었으므로 노란색은 10−8=2(개), 파란색은 10−7=3(개) 없어 졌습니다.

52쪽 **2. 자료를 조사하여 표로 나타내어 볼까요**

1 ㉡, ㉣, ㉠ **2** 6, 4, 9, 4, 23
3 2, 10, 7, 14, 33 **4** 33개
5 ▲에 ○표

5 표에서 조각 수를 비교하면 14>10>7>2이 므로 가장 많이 사용한 조각은 ▲입니다.

53쪽 **3. 자료를 분류하여 그래프로 나타내어 볼까요**

1 4, 3, 6, 2, 15 **2** ㉠, ㉣, ㉢
3

서아네 반 학생들의 혈액형별 학생 수 / 학생 수

6			○	
5			○	
4	○		○	
3	○	○	○	
2	○	○	○	○
1	○	○	○	○
학생 수(명) 혈액형	A	B	O	AB

4 정우네 반 학생들이 좋아하는 우유 종류별 학생 수

딸기우유	/	/	/	/			
바나나우유	/	/	/				
초코우유	/	/	/	/	/	/	/
흰 우유	/	/	/				
종류 학생 수(명)	1	2	3	4	5	6	7

54쪽 **4. 표와 그래프를 보고 무엇을 알 수 있을까요**

1 파랑 **2** 9명
3 예 파랑 / 노랑 / 반에서 가장 많은 학생들이 좋아하는 색깔이기 때문입니다.
4 학습 만화 **5** 학습 만화, 과학 잡지
6 학습 만화, 과학 잡지

1 지우네 반 학생들을 조사한 표에서 가장 큰 수는 **7**이므로 가장 좋아하는 색깔은 파랑입니다.

2 선호네 반 학생들을 조사한 표에서 노란색을 좋아하는 학생은 **9**명입니다.

3 채점 가이드 모자 색깔을 정한 이유가 적당한지 확인합니다.

4 그래프에서 학습 만화의 높이가 가장 높으므로 가장 많은 학생들이 원하는 책의 종류는 학습 만화입니다.

5 그래프에서 ○가 **5**보다 위에 있는 책은 학습 만화와 과학 잡지입니다.

6 그래프에서 가장 많은 학생들이 원하는 책의 종류는 학습 만화이고, 두 번째로 많은 학생들이 원하는 책의 종류는 과학 잡지입니다.

55쪽 5. 표와 그래프로 나타내어 볼까요

1 21명

2 7, 4, 4, 2, 4, 21

3 수현이네 반 학생들이 방학 때 가고 싶은 곳별 학생 수

학생 수(명)/장소	바다	산	놀이공원	박물관	수영장
7	○				
6	○				
5	○				
4	○	○	○		○
3	○	○	○		○
2	○	○	○	○	○
1	○	○	○	○	○

4 바다, 박물관, 산, 놀이공원, 수영장

4 바다를 고른 학생은 **7**명으로 가장 많고, 박물관을 고른 학생은 **2**명으로 가장 적습니다. 산, 놀이공원, 수영장을 고른 학생은 **4**명으로 모두 같습니다.

---

6 규칙 찾기

기초력 더하기

56쪽 1. 무늬에서 규칙 찾기

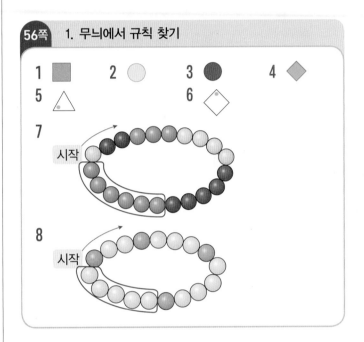

1 ■   2 ○   3 ●   4 ◆
5 △   6 ◇
7 시작
8 시작

57쪽 2. 쌓은 모양에서 규칙 찾기

1 1   **2** 2
3 1, 3   **4** 2, 1, 2
5 9개   **6** 8개
7 6개   **8** 10개

58쪽 3. 덧셈표, 곱셈표에서 규칙 찾기

1 (위에서부터) 3 / 2, 3, 6 / 7, 8 / 6 / 8, 9 / 1

2 (위에서부터) 7 / 12, 10, 13, 14 / 11, 13, 11, 15 / 13 / 1

3 (위에서부터) 5 / 8, 10 / 9, 12 / 4, 8 / 5

4 (위에서부터) 18, 24 / 16 / 25 / 30 / 21, 28, 56 / 32, 48 / 7

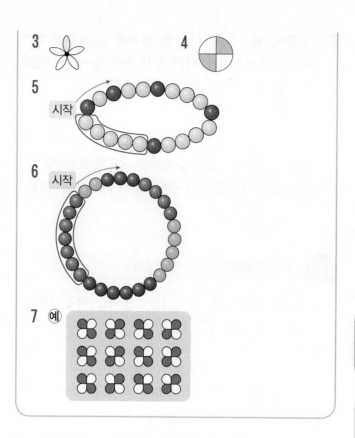

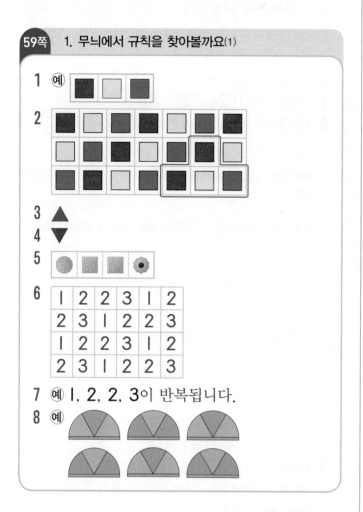

59쪽 1. 무늬에서 규칙을 찾아볼까요(1)

1 (예)

2

3 ▲

4 ▼

5

6

1	2	2	3	1	2
2	3	1	2	2	3
1	2	2	3	1	2
2	3	1	2	2	3

7 (예) 1, 2, 2, 3이 반복됩니다.

8 (예)

4 모양은 ▽, ○, □이 반복되고, 색깔은 빨간색,
   노란색이 반복됩니다. 따라서 □ 안에 알맞은 모
   양은 ▽이고 색깔은 빨간색입니다.

5 ●, ■, ■, ❀가 반복됩니다.

8 분홍색, 파란색이 반복되도록 부채를 색칠했습
   니다.
   (채점 가이드) 자신이 생각한 규칙으로 바르게 부채를 색칠했
   는지 확인합니다.

60쪽 2. 무늬에서 규칙을 찾아볼까요(2)

1   2

3   4

5 시작

6 시작

7 (예)

5 빨간색, 노란색이 반복되고 노란색이 1개씩 많
   아집니다.

6 초록색, 보라색, 주황색이 반복되고 구슬이 2개
   부터 1개씩 많아집니다.

7 ❀, ❀이 반복됩니다.
   (채점 가이드) 자신이 생각한 규칙으로 벽지의 무늬를 바르게
   색칠했는지 확인합니다.

61쪽 3. 쌓은 모양에서 규칙을 찾아볼까요

1 1, 3   2 3, 1
3 (   )(○)
4 (예) 왼쪽에 있는 쌓기나무 옆에 쌓기나무가
   1개씩 늘어나고 있습니다.
5 6개   6 6개
7 15개

4 (채점 가이드) 쌓기나무를 쌓은 규칙을 바르게 썼는지 확인합
   니다.

5 쌓기나무가 1개씩 늘어나므로 다음에 이어질 모
   양에 쌓을 쌓기나무는 모두 5+1=6(개)입니다.

6 왼쪽에 있는 쌓기나무의 위쪽과 오른쪽에 쌓기나무가 1개씩 늘어나므로 빈칸에 들어갈 모양을 만드는 데 필요한 쌓기나무는 모두 $4+2=6$(개)입니다.

7 아래쪽에 쌓기나무가 3개, 4개로 늘어나므로 빈칸에 들어갈 모양을 만드는 데 필요한 쌓기나무는 모두 $1+2+3+4+5=15$(개)입니다.

62쪽 **4. 덧셈표에서 규칙을 찾아볼까요**

1 (위에서부터) 11, 12 / 12, 13, 14 / 14, 15, 16 / 15, 16, 17, 18

2 1

3 (예) 오른쪽으로 갈수록 1씩 커집니다.

4 (예) ↘ 방향으로 갈수록 2씩 커집니다.

5 (위에서부터) 4, 8 / 4, 6 / 6, 10 / 10, 12, 14 / 8, 10, 16

6 (예) 오른쪽으로 갈수록 2씩 커집니다.

7 (예)

+	1	2	3	4
1	2	3	4	5
2	3	4	5	6
3	4	5	6	7
4	5	6	7	8

/ ╱ 방향의 수들은 모두 같은 수입니다.

6 (채점 가이드) 덧셈표에서 규칙을 찾아 바르게 썼는지 확인합니다.

7 '↘ 방향으로 갈수록 2씩 커집니다.' 등 다양한 규칙이 있습니다.
(채점 가이드) 주어진 수를 이용하여 알맞은 덧셈표를 만들고 그 덧셈표에서 규칙을 찾아 바르게 썼는지 확인합니다.

63쪽 **5. 곱셈표에서 규칙을 찾아볼까요**

1 (위에서부터) 10, 12 / 21, 24 / 24, 28 / 20 / 14, 42, 56 / 40, 56, 72 / 54, 81

2 3

3 (예) 오른쪽으로 갈수록 6씩 커집니다.

4 (예) 5단 곱셈구구에 있는 수는 아래로 내려갈수록 5씩 커집니다.

5 (위에서부터) 5, 9 / 21 / 5, 15, 25, 45 / 21, 63 / 9, 45, 63

6 (예) 곱셈표에 있는 수들은 모두 홀수입니다.

7 (위에서부터) 24 / 25, 30

8 (위에서부터) 42 / 42 / 32, 56 / 45

4 (채점 가이드) 곱셈표에서 규칙을 찾아 바르게 썼는지 확인합니다.

6 (채점 가이드) 곱셈표에서 규칙을 찾아 바르게 썼는지 확인합니다.

64쪽 **6. 생활에서 규칙을 찾아볼까요**

1 (예) 울타리의 색이 노란색, 노란색, 초록색 순으로 반복됩니다.

2 (예) 지붕의 색이 분홍색, 파란색, 파란색, 분홍색 순으로 반복됩니다.

3 (위에서부터) 27, 16, 11, 14, 3

4 (예) 가 구역에서는 뒤로 갈수록 8씩 커지는 규칙이 있습니다.

5

/ (예) 미나는 나 구역으로 이동하여 앞에서 두 번째 줄의 일곱 번째 자리인 15번을 찾아가면 됩니다.

6 (예) 평일은 20분 간격으로, 주말은 30분 간격으로 버스가 출발합니다.

4 (채점 가이드) 공연장 의자 번호에서 규칙을 찾아 바르게 썼는지 확인합니다.

6 평일과 주말에 버스가 각각 몇 분마다 출발하는지 찾아봅니다.
(채점 가이드) 버스 출발 시간표에서 규칙을 찾아 바르게 썼는지 확인합니다.

초등 1, 2학년을 위한
추천 라인업

동아출판

1~2학년 1, 2학기(전 4권)

어휘력을 높이는
초능력 맞춤법 + 받아쓰기

- 쉽고 빠르게 배우는 **맞춤법 학습**
- 단계별 낱말과 문장 **바르게 쓰기 연습**
- 학년, 학기별 국어 교과서 **어휘 학습**

➕ 선생님이 불러 주는 듣기 자료, 맞춤법 원리 학습 동영상 강의

1~2학년 대상

빠르고 재밌게 배우는
초능력 구구단

- 3회 누적 학습으로 **구구단 완벽 암기**
- 기초부터 활용까지 **3단계 학습**
- 개념을 시각화하여 **직관적 구구단 원리 이해**
- 다양한 유형으로 구구단 **유창성과 적용력 향상**

➕ 구구단송

1~2학년 대상

원리부터 응용까지
초능력 시계·달력

- 초등 1~3학년에 걸쳐 있는 시계 학습을 **한 권으로 완성**
- 기초부터 활용까지 **3단계 학습**
- 개념을 시각화하여 **시계달력 원리를 쉽게 이해**
- 다양한 유형의 **연습 문제와 실생활 문제로 흥미 유발**

➕ 시계·달력 개념 동영상 강의

큐브 개념

정답 및 풀이 | 초등 수학 2·2

연산 | 전 단원 연산을 다잡는 기본서

개념 | 교과서 개념을 다잡는 기본서

유형 | 모든 유형을 다잡는 기본서

시작만 했을 뿐인데 완북했어요!

시작만 했을 뿐인데 그 끝은 완북으로! 학습할 땐 힘들었지만 큐브 연산으로 기초를 튼튼하게 다지면서 새 학기 때 수학의 자신감은 덤으로 뿜뿜할 수 있을 듯 해요^^

초1중2민지사랑민찬

아이 스스로 얻은 성취감이 커서 너무 좋습니다!

아이가 방학 중에 개념 공부를 마치고 수학이 세상에서 제일 싫었다가 이제는 좋아졌다고 하네요. 아이 스스로 얻은 성취감이 커서 너무 좋습니다. 자칭 수포자 아이와 함께 이렇게 쉽게 마친 것도 믿어지지 않네요.

초5 초3 유유

자세한 개념 설명 덕분에 부담없이 할 수 있어요!

처음에는 할 수 있을까 욕심을 너무 부리는 건 아닌가 신경 쓰였는데, 선행용, 예습용으로 하기에 입문하기 좋은 난이도와 자세한 개념 설명 덕분에 아이가 부담없이 할 수 있었던 거 같아요~

초5워킹맘

큐브
찐-후기

심리적으로 수학과 가까워진 거 같아서 만족해요!

아이는 처음 배우는 개념을 정독한 후 문제를 풀다 보니 부담감 없이 할 수 있었던 것 같아요. 매일 아이가 제일 먼저 공부하는 책이 큐브였어요. 그만큼 심리적으로 수학과 가까워진 거 같아서 만족스러워요.

초2 산들바람

결과는 대성공! 공부 습관과 함께 자신감 얻었어요!

겨울방학 동안 공부 습관 잡아주고 싶었는데 결과는 대성공이었습니다. 다른 친구들과 함께한다는 느낌 때문인지 아이가 책임감을 느끼고 참여하는 것 같더라고요. 덕분에 공부 습관과 함께 수학 자신감을 얻었어요.

스리마미

엄마표 학습에 동영상 강의가 도움이 되었어요!

동영상 강의가 있어서 설명을 듣고 개념 정리 문제를 풀어보니 보다 쉽게 이해할 수 있었어요. 엄마표로 진행하는 거라 엄마인 저도 막히는 부분이 있었는데 동영상 강의가 많은 도움이 되었네요.

3학년 칭칭맘

수학 개념을 제대로 잡을 수 있어요!

처음에는 어려웠던 개념들도 차분히 문제를 풀어보면서 자신감을 얻은 거 같아서 아이도 엄마도 즐거웠답니다. 6주 동안 큐브 개념으로 4학년 1학기 수학 개념을 제대로 잡을 수 있어서 너무 뿌듯했어요.

초4초6 너굴사랑